◆生鲜乳生产收购专职岗位技能培训系列教材

综　合　篇

农业部奶业管理办公室
中　国　奶　业　协　会　组编

中国农业出版社

丛书编委会

本书编者　王加启　马　莹　张养东　周振峰
王　典　李　栋

编者单位　农业部奶业管理办公室
农业部奶及奶制品质量监督检验测试中心（北京）
中国奶业协会

序

奶业是世界公认的节粮、经济、高效型畜牧业，是现代农业的重要组成部分。奶业的健康发展，对于改善城乡居民膳食结构，提高人口素质，促进农村产业结构调整和城乡协调发展，增加农民收入，乃至促进全面小康社会目标的实现，都具有十分重要的战略意义。我国奶业起步较晚，但发展迅猛。2009年末，奶牛存栏1 218万头，奶类产量3 650万吨，已成为世界第三产奶大国。奶业正逐步成为国民经济的重要组成部分，成为惠及13亿人口的重要产业。

随着我国奶业的快速发展，规模化、集约化、标准化水平的提高，奶业生产企业急需大量合格从业人员，特别是专职岗位的技能型人才，如挤奶员、全混合日粮（TMR）操作员、生鲜乳质量监督（检验）员、配种员、兽医等。因此，加强从业人员职业道德和专业技能的培训，已成为当务之急。

根据国务院办公厅《2010年食品安全整顿工作安排的通知》（国办发【2010】17号）要求，农业部奶业管理办公室、中国奶业协会组织各省（自治区、直辖市）奶业协会（奶业管理办公室）开展生鲜乳生产收购专职岗位技能培训工作。为配合开展好此项工作，结合我国生鲜乳生产的实际情况，编写了《生鲜乳生产收购专职岗位技能培训系列教材》丛书。内容包括：全混合日粮（TMR）操作员、生鲜乳检验员和挤奶员等。

这套教材根据广大奶农生产、生鲜乳收购检验需求，具有很强的针对性、实用性和可操作性。

很多专家参加了该套培训教材的编写、审定工作，在此一并表示感谢。

刘成果

二〇一〇年八月十八日

目　　录

第一章　生鲜乳基础知识

第一节　生　鲜　乳

一、生乳的概念

国家标准《生乳》（GB 1901—2010）规定，生乳是从符合国家有关要求的健康奶畜乳房中挤出的无任何成分改变的常乳叫做生乳。产犊后七天的初乳、应用抗生素期间和休药期间的乳汁、变质乳均不应用作生乳。

二、生鲜乳的概念

农业部颁布的《生鲜乳生产收购管理办法》规定，生鲜乳是指未经加工的奶畜原奶。

三、生鲜乳的组成

生鲜乳是多种成分组成的一种混合液体。生鲜乳的组成成分至少有100余种，主要成分包括水分、脂肪、蛋白质、乳糖、矿物质、维生素、酶类。生鲜乳中水分含量约88%，固形物及气体成分约12%。详见图1-1。

四、影响生鲜乳产量与品质的因素

影响生鲜乳的产量和品质的因素很多，主要包括遗传特性、营养环境和其他因素。

（一）遗传特性

1. 品种　生鲜乳的产量和品质受奶牛品种的影响。荷斯坦奶牛比娟姗牛、更赛牛、爱尔夏牛、瑞士褐牛、中国水牛、牦牛、美洲野牛等奶牛品种产奶量高，但乳脂率、乳蛋白率等营养成分的指标偏低。

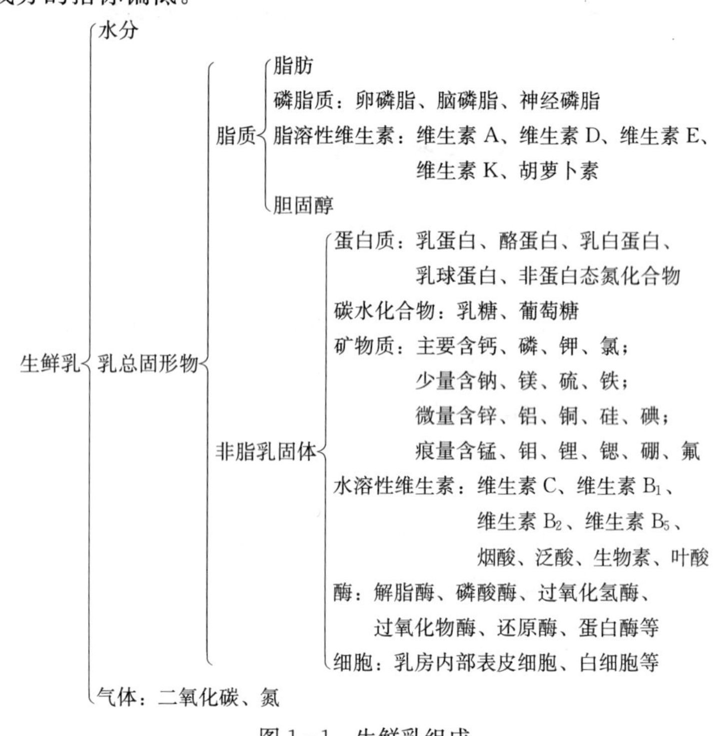

图 1-1　生鲜乳组成

2. 个体　无论是同一品种内，还是不同品种间，奶牛个体不同，其生鲜乳的产量和乳成分差异较大。就荷斯坦奶牛而言，个体的年生鲜乳产量为 2 000～30 000 千克，乳脂率为 2.6%～6.0%，差异较大。个体因素包括体重、年龄、胎次、初产年龄和产犊间隔等。

（1）体重　在适宜体重范围内，个体越大，产奶量越高，但采食量、占有空间也越大。荷斯坦奶牛体重一般以 600～650 千克为宜。

(2) 年龄和胎次 随着奶牛年龄增长、胎次的提高，生鲜乳产量呈先增加，保持稳定，后下降的趋势；生鲜乳的质量总体呈现下降的趋势。

(3) 初产年龄和产犊间隔 初产年龄不仅影响个体发育，而且影响终生产奶量和生鲜乳品质。因此，应确定适宜的初产年龄。一般奶牛达到成年体重70%左右进行配种，24～26月龄第一次产犊较为有利。

产犊间隔影响奶牛生鲜乳的产量和品质，为获得最佳的养殖效益，应确保奶牛生产有一个适当的产犊间隔。目标是一年一犊，一年中有10个月的产奶期，母牛产犊后应尽量使其在60～90天内再度受孕。

(二) 日粮营养

原料的种类和配比影响日粮营养，日粮营养物质的类型、奶牛胃肠的消化类型和采食量等最终影响奶牛获得的营养。

1. 采食量 满足奶牛最大采食需求，有助于奶牛获得较高的产奶量和优良的生鲜乳。尤其是泌乳早期，可有效缓解能量负平衡。奶牛进入能量正平衡，体重增加，体况损失最小。合理增加采食量可提高乳蛋白率0.2%～0.3%。

2. 日粮模型 不同饲料在瘤胃中发酵类型不同，会对挥发性脂肪酸的浓度和比例产生重要的影响，而挥发性脂肪酸的浓度越高，产奶量越高。在挥发性脂肪酸中丙酸比例越高，产奶量越高；乙酸和丁酸的浓度越高，乳脂率越高。

3. 日粮碳水化合物 日粮中碳水化合物是奶牛营养中重要的能量物质。包括非纤维碳水化合物和纤维。

(1) 非纤维碳水化合物（NFC） NFC包括淀粉、糖、果胶。配比合理的日粮，其NFC应占日粮干物质的20%～45%。饲喂适当水平的NFC可同时提高乳脂率和乳蛋白率。而过度饲喂，则会降低乳脂率0.1%，甚至更多。每次饲喂谷物应限制不能超过3千克，以避免瘤胃酸中毒、食欲不良及乳脂率降低的问题。

（2）纤维　纤维水平与颗粒大小对于刺激瘤胃发酵与唾液分泌，保持正常的乳蛋白与脂肪组分非常重要。日粮干物质中酸性洗涤纤维最低为19％～21％，中性洗涤纤维不能低于26％～28％。如低于这些水平，奶牛会面临低乳脂率、酸中毒、体况较差的危险。牧草长度应不短于1厘米，比1厘米短会急剧降低乳脂率。

4. 日粮中的氮源

（1）日粮中的粗蛋白质（CP）　日粮中的CP主要来自于饼粕类饲料。当CP含量从13.5％上升到16.5％时，奶牛产奶量随日粮CP含量增加而增加。日粮CP水平对乳蛋白率也有影响，当日粮CP从17％降至1％，乳蛋白率下降0.02％。

（2）瘤胃可降解蛋白（RDP）与过瘤胃蛋白（RUP）　日粮中含有适宜比例的RDP和RUP，对维护奶牛健康、确保高产优质和避免蛋白质资源浪费有重要意义。通常情况下，RDP应占日粮中总蛋白质的65％。如果饲喂RDP少于60％，将会降低乳产量及乳成分含量。在RUP不足的情况下，增加RUP的含量，能有效提高产奶量和乳成分。但若添加的低降解率蛋白质饲料所含的氨基酸与机体所缺的氨基酸不能匹配，以及添加时机不适或添加量不足等都会影响乳产量和乳成分组成。

5. 日粮中的脂肪　日粮中的脂肪主要来源于脂类化合物。添加高能量的脂肪，可在不减少纤维浓度的情况下，提高日粮的能量浓度。试验表明，添加脂肪（棉籽、大豆、葵花籽）能提高产奶量，但却降低乳蛋白率。添加植物性脂肪，会降低乳脂率；添加过瘤胃保护脂肪，可提高乳脂率。由于饲料中的脂肪能降低微生物活性和纤维素消化率，通常添加经皂化、氢化、甲醛处理的脂肪，这些脂肪在瘤胃内不发生离解和水解，直接进入小肠消化吸收，既能满足高产奶牛对能量的需要，又能保持瘤胃内微生物区系的平衡。

6. 日粮维生素和矿物质　除生鲜乳中B族维生素的含量与日粮中维生素含量相关性较小外，其他脂溶性维生素的含量与日粮中的维生素含量呈显著正相关。因此，提高日粮中维生素A、维生素D、维生素E和维生素C的含量，可相应地增加其在生鲜乳中的含量。生鲜乳中的矿物质含量较稳定，受日粮影响很小。但饲喂缺钙、缺磷的饲料，可降低生鲜乳产量，但乳中钙磷含量仍维持正常。牛奶中一些微量矿物元素含量如碘、铁、铜、锰、锌、钼、硼、硒等与日粮有关，日粮中添加这些元素，在一定程度上相应地提高其在生鲜乳中的含量。

（三）其他因素

1. 季节　在通常情况下，冬、春季节生鲜乳的产量较低，乳成分含量较高；夏、秋季节生鲜乳的产量较高，乳成分含量较低。对菌落总数和体细胞数来说，夏季较高，冬、春、秋三季较低。同一季节，不同泌乳阶段，季节影响生鲜乳产量和质量的程度差异较大。

2. 奶牛的泌乳期　奶牛产奶期通常为305天，生鲜乳产量随着泌乳时间的延长呈先增加、后逐渐减少的趋势，直至干奶。生鲜乳的品质随着时间的延长呈先下降、后上升、再下降、再上升的趋势。

3. 产奶量　同一品种奶牛的产奶量越高，牛奶中的干物质和营养成分含量相对越低，但干物质的绝对量仍然较高。

4. 健康状况　奶牛的健康状况显著影响生鲜乳的产量和质量。当奶牛患病时，特别是患乳腺疾病时，生鲜乳产量下降10%～50%不等，严重时甚至停止产奶。同时，生鲜乳的质量下降，如非脂固形物下降、体细胞数增多等。

5. 气温　奶牛在气温8～21℃范围内，环境温度对产奶量及乳的成分几乎没有影响，当奶牛生活的环境温度低于8℃或高于21℃时，奶牛产奶量逐渐减少，乳脂率降低；当气温超过27℃，奶牛遭遇热应激时，产奶量降低更为显著。

五、挤奶、贮存和运输

（一）挤奶

1. 对挤奶人员的要求

（1）挤奶人员应经过专门的培训，了解奶牛性情，熟悉挤奶操作，并获得相应的岗位技能证书。

（2）挤奶人员每年应定期到疾病预防控制中心进行体检一次，并持有疾病预防控制中心出具的健康证。

（3）挤奶人员要穿戴专门的工作服、鞋、帽等并保持清洁；应注重个人卫生，无酗酒、抽烟等不良恶习。

（4）挤奶人员应关爱牛只，不得对牛只随意踢打、恐吓等。

2. 挤奶 六个步骤：健康检查、挤奶前乳头药浴、擦干乳头、挤去前三把奶、上机挤奶、挤奶后乳头药浴（图 1－2）。

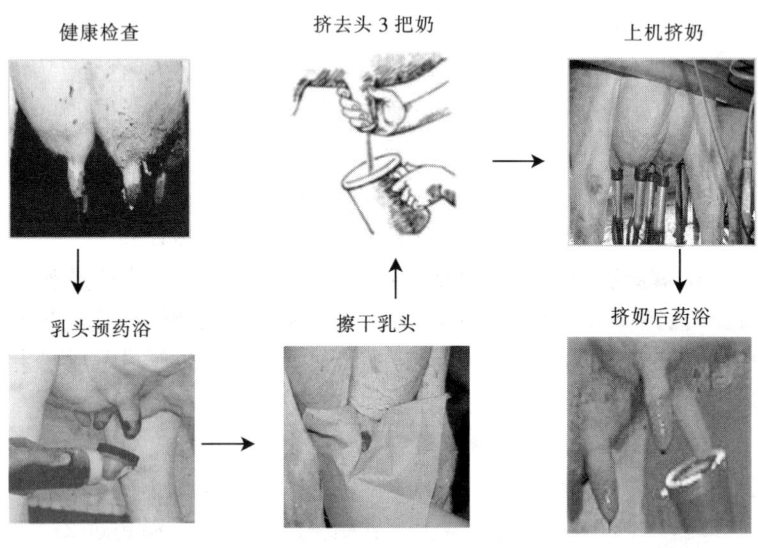

图 1－2 挤奶流程

3. 挤奶后工作

（1）将挤奶完成的牛只赶回相应牛舍中。

（2）对挤奶机进行清洗。

（3）清洗挤奶台。

（4）根据挤奶机厂家维护和保养说明书，定期检修。

（二）生鲜乳贮存

生鲜乳应贮存在专用的、配备有制冷装置的不锈钢贮奶罐中；禁止刚挤的生鲜乳不经任何冷却介质放置或暴露在空气中。

挤奶操作开始前，应先启动贮奶罐制冷机，使贮奶罐冷却介质温度保持在 0～1 ℃。挤奶开始后，要通过专用的输奶管道将生鲜乳输送到贮奶罐中并立即启动贮奶罐上的搅拌器进行连续搅拌；使刚挤下的生鲜乳在 2 小时内降到 4 ℃以下。

贮奶罐中生鲜乳贮藏时间不得超过 24 小时。

（三）运输

生鲜乳要通过专门的奶罐车（配备有制冷系统）进行密闭、低温运输。从奶罐车中输奶或卸奶时，应用专门的管道，并且每次输奶前后各清洗一次。运输过程中，应尽量缩短运奶时间，从而保证生鲜乳的品质。

第二节　生鲜乳相关术语

初乳　从正常饲养的、无传染病和乳房炎母牛分娩后 72 小时内所挤出的乳汁。

异常乳　奶畜挤下的不正常乳。异常乳可分为生理异常乳、化学异常乳和病理异常乳等。

乳蛋白质　生鲜乳或乳制品中由一条或多条多肽链组成的生物大分子总称，常以质量百分比表示其在生鲜乳或乳制品中的含量。

乳脂肪　生鲜乳或乳制品中脂类组分的总称，常以质量百分比表示其在生鲜乳或乳制品中的含量。

乳糖　从乳清中提取的由葡萄糖和半乳糖组成的还原二糖。

乳总固形物　一定质量的生鲜乳或乳制品在98～100℃的恒温下，充分干燥，余下的固态物质。

非脂乳固体　乳总固体中去除乳脂肪之后的物质总称。

酸度　以酚酞为指示剂，中和100毫升生鲜乳样品所需的0.1摩尔/升碱液（氢氧化钠或氢氧化钾）的毫升数。

4%乳脂校正乳　将不同乳脂肪含量的生鲜乳量，校正到含脂肪为4%的生鲜乳量。

其计算：

$$FCM=0.4M+15F$$

式中：M为泌乳期生鲜乳产量；

F为该期所测得的平均乳脂肪量；

FCM为4%乳脂校正乳量。

挤奶　按照国家有关规定，通过手工或专门的挤奶机器等使奶畜乳房中的生鲜乳排出的过程。

贮奶罐　配备有制冷系统的、专门的、配有清洗装置的、用于贮藏生鲜乳的密闭不锈钢罐体。

奶罐车　专门用于运输生鲜乳的、保温的、并配有清洗装置的罐车。

复　习　题

1. 解释术语：生乳、生鲜乳、异常乳。
2. 影响生鲜乳产量和质量的三大因素是什么？
3. 挤奶有哪六个主要步骤？
4. 生鲜乳贮存有何要求？
5. 生鲜乳运输中应符合什么要求？
6. 生乳与生鲜乳的区别有哪些？

第二章　相关法律、法规、政策

奶业发达国家十分重视健全奶业法律法规和标准，依靠法规实现生鲜乳生产与收购的制度化、标准化。我国政府也非常重视奶业法规体系建设。目前，奶业相关的法规主要有《中华人民共和国食品安全法》、《乳品质量安全监督管理条例》、《生鲜乳生产收购管理办法》、《生乳》国家标准、《生鲜乳生产技术规程（试行）》和《生鲜乳收购站标准管理技术规范》等。此外，2007 年以来，国务院及有关部委出台了《国务院关于促进奶业持续健康发展的意见》、《奶业整顿和振兴规划纲要》，提出了一系列扶持奶业发展的政策措施。

第一节　中华人民共和国食品安全法

为保障人民群众的身体健康和生命安全，推进国家的健康发展和社会的和谐稳定，2009 年 2 月 28 日，中华人民共和国第十一届全国人民代表大会常务委员会第七次会议通过《中华人民共和国食品安全法》，简称《食品安全法》。《食品安全法》从制度上解决了食品安全的问题，是对食品卫生法的修改、补充和完善，新的食品安全法对于保证食品安全、预防和控制食源性疾病、保障人民群众身体健康等方面具有重要作用。

一、关于食品安全监管体制

1. 明确界定有关食品安全监管部门的职责　质量监督、工商行政管理和国家食品药品监督管理部门依照《食品安全法》和国务院规定的职责，分别对食品生产、食品流通、餐饮服务活动实施监督管理。国务院卫生行政部门承担食品安全综合协调职责，负责食品安全风险评估、食品安全标准制定、食品安全信息公布、食品检验机构的资质条件认定和检验规范的制定，组织查处食品安全重大事故。

2. 在县级以上地方人民政府层面，进一步明确工作职责，理顺工作关系 县级以上地方人民政府统一负责、领导、组织、协调本行政区域的食品安全监督管理工作，建立健全食品安全全程监督管理的工作机制；统一领导、指挥食品安全突发事件应对工作；完善、落实食品安全监督管理责任制，对食品安全监督管理部门进行评议、考核。县级以上地方人民政府依照本法和国务院的规定确定本级卫生行政、农业行政、质量监督、工商行政管理、食品药品监督管理部门的食品安全监督管理职责。有关部门在各自职责范围内负责本行政区域的食品安全监督管理工作。由于有的食品安全监管部门实行省以下垂直领导，《食品安全法》规定上级人民政府所属部门在下级行政区域设置的机构应当在所在地人民政府的统一组织、协调下，依法做好食品安全监督管理工作。

3. 县级以上卫生行政、农业行政、质量监督、工商行政管理、食品药品监督管理部门应当加强沟通、密切配合，按照各自的职责分工，依法行使职权，承担责任。

4. 国务院设立食品安全委员会，其工作职责由国务院规定。

5.《食品安全法》授权国务院根据实际需要，可以对食品安全监督管理体制作出调整。

二、关于食品安全风险监测和评估

食品安全风险监测和评估是国际通行的预防和控制食品风险的有效措施。《食品安全法》对此加以规定，与国际通行做法接轨，与时俱进，体现了立法的科学性和先进性。

1.《食品安全法》从食品安全风险监测计划的制订、发布、实施、调整等方面，规定了食品安全风险监测制度 《食品安全法》规定，国家建立食品安全风险监测制度，对食源性疾病、食品污染以及食品中的有害因素进行监测。国务院卫生行政部门会同国务院其他有关部门制定、实施国家食品安全风险监测计划。省、自治区、直辖市人民政府卫生行政部门根据国家食品安全风险监测计划，结合本行政区域的具体情况，组织制定、实施本行政区域的食品安全风险监测方案。国务院农业行政、质量监督、工商行政管理和国家食品药品监督管理等有关部门获知有关食品安全风险信息后，应当立即向国务院卫生行政部门通报。国务院卫生行政部门会同有关部门对信息核实后，应当及时调整食品安全风险监测计划。

2.《食品安全法》从食品安全风险评估的启动、具体操作、评估结果的用途等方面规定了食品安全风险评估制度 《食品安全法》规定，国家建立食品安全风险评估制度，对食品、食品添加剂中生物性、化学性和物理性危害进行风险评估。关于食品安全风险评估的启动，国务院卫生行政部门通过食品安全风险监测或者接到举报发现食品可能存在安全隐患的，应当立即组织进行检验和食品安全风险评估。国务院农业行政、质量监督、工商行政管理和国家食品药品监督管理等有关部门应当向国务院卫生行政部门提出食品安全风险评估的建议，并提供有关信息和资料。关于食品安全风险评估的具体操作，国务院卫生行政部门负责组织食品安全风险评估工作，成立由医学、农业、食品、营养等方面的专家组成的食品安全风险评估委员会进行食品安全风险评估。食品安全风险评估应当运用科学方法，根据食品安全风险监测信息、科学数据以及其他有关信息进行。食品安全风险评估结果是制定、修订食品安全标准和对食品安全实施监督管理的科学依据。

三、关于食品安全标准

《食品安全法》对食品安全标准作了相应规定。

1.《食品安全法》规定，制定食品标准，应当以保证公众身体健康为宗旨，做到科学合理、安全可靠。同时明确规定，食品安全标准是强制执行的标准，除食品安全标准外，不得制定其他的食品强制性标准。

2. 明确了食品安全国家标准的制定、发布主体及制定方法，明确对有关标准进行整合。《食品安全法》规定，食品安全国家标准由国务院卫生行政部门负责制定、公布，国务院标准化行政部门提供国家标准编号。制定食品安全国家标准，应当依据食品安全风险评估结果并充分考虑食用农产品质量安全风险评估结果，参照相关的国际标准和国际食品安全风险评估结果，并广泛听取食品生产经营者和消费者的意见。国务院卫生行政部门应当对现行的食用农产品质量安全标准、食品卫生标准、食品质量标准和有关食品的行业标准中强制执行的标准予以整合，统一公布为食品安全国家标准。

3. 明确了食品安全地方标准和企业标准的地位。《食品安全法》规定，没有食品安全国家标准的，可以制定食品安全地方标准。对于企业标准，企业生产的食品没有食品安全国家标准或者地方标准的，应当制定企业标准，作为组织生产的依据；国家鼓励食品生产企业制定严于食品安全国家标准或者地方标准的企业标准。

四、关于食品生产经营

1. 加强对食品生产加工小作坊和食品摊贩的管理 县级以上地方人民政府鼓励食品生产加工小作坊改进生产条件；鼓励食品摊贩进入集中交易市场、店铺等固定场所经营。食品生产加工小作坊和食品摊贩从事食品生产经营活动，应当符合本法规定的与其生产经营规模、条件相适应的食品安全要求，保证所生产经营的食品卫生、无毒、无害，有关部门应当对其加强监督管理。

2. 鼓励食品生产经营企业采用先进管理体系，减轻企业负担 《食品安全法》规定，国家鼓励食品生产经营企业符合良好生产规范要求，实施危害分析与关键点控制，提高食品安全管理水平。对通过良好生产规范、危害分析与关键点体系认证的食品生产经营企业，认证机构应当依法实施跟踪调查，认证机构实施跟踪调查不收取任何费用。

3. 建立完备的索证索票制度、台账制度等 《食品安全法》规定食品生产者采购食品原料、食品添加剂、食品相关产品，应当查验供货者的许可证和产品合格证明文件；食品生产企业应当建立食品出厂检验记录制度等。

4. 严格对声称具有特定保健功能的食品的管理 《食品安全法》规定，声称具有特定保健功能的食品不得对人体产生急性、亚急性或者慢性危害，其标签、说明书不得涉及疾病预防、治疗功能，内容必须真实，应当载明适宜人群、不适宜人群、功效成分或者标志性成分及其含量等；产品的功能与成分必须与标签、说明书相一致。有关监督管理部门应当依法履职，承担责任。

5. 建立食品召回制度、停止经营制度 《食品安全法》规定食品生产者发现其生产的食品不符合食品安全标准，应当立即停止生产，召回已经上市销售的食品，通知相关生产经营者和消费者，并记录召回和通知情况。食品经营者发现其经营的食品不符合食品安全标准，应当立即停止经营，通知相关生产经营者和消费者，并记录停止经营和通知情况。食品生产者认为应当召回的，应当立即召回。食品生产者应当对召回的食品采取补救、无害化处理、销毁等措施，并将食品召回和处理情况向县级以上质量监督部门报告。食品生产经营者未依照本条规定召回或者停止经营不符合食品安全标准的食品的，县级以上质量监督、工商行政管理、食品药品监督管理部门可以责令其召回或者停止经营。

6. 严格对食品广告的管理 《食品安全法》规定，食品广告的内容应当真实合法，不得含有虚假、夸大的内容，不得涉及疾病预防、治疗功能。食品安全监督管理部门或者承担食品检验职责的机构、食品行业协会、消费者协会不得以广告或者其他形式向消费者推荐食品。社会团体或者其他组织、个人在虚假广告中向消费者推荐食品，使消费者的合法权益受到损害的，与食品生产经营者承担连带责任。

五、关于食品检验

1. 明确食品检验由食品检验机构指定的检验人独立进行 食品检验实行食品检验机构与检验人负责制。食品检验报告应当加盖食品检验机构公章，并有检验人的签字或者盖章。食品检验机构和检验人对出具的食品检验报告负责。

2. 明确食品安全监督管理部门对食品不得实施免检 同时明确规定，进行抽样检验，应当购买抽取的样品，不收取检验费和其他任何费用。

六、关于食品进出口

1. 明确了进口的食品、食品添加剂以及食品相关产品应当符合我国食品安全国家标准 进口尚无食品安全国家标准的食品，或者首次进口食品添加剂新品种、食品相关产品新品种，进口商应当向国务院卫生行政部门提出申请并提交相关的安全性评估材料。国务院卫生行政部门依法作出是否准予许可的决定，并及时制定相应的食品安全国家标准。

2. 完善风险预警机制 境外发生的食品安全事件可能对我国境内造成影响，或者在进口食品中发现严重食品安全问题的，国家出入境检验检疫部门应当及时采取风险预警或者控制措施，并向国务院卫生行政、农业行政、工商行政管理和国家食品药品监督管理部门通报。

七、关于食品安全事故处置

1.《食品安全法》规定了制定食品安全事故应急预案及食品安全事故的报告制度。事故发生单位和接收病人进行治疗的单位应当及时向事故发生地县级卫生部门报告。农业行政、质量监督、工商行政管理、食品药品监督管理部门在日常监督管理中发现食品安全事故，或者接到有关食品安全事故的举报，应当立即向卫生行政部门通报。发生重大食品安全事故的，接到报告的县级卫生行政部门应当按照规定向本级人民政府和上级人民政府卫生行政部门报告。县级人民政府和上级人民政府卫生行政部门应当按照规定上报。

2.《食品安全法》规定了县级以上卫生行政部门处置食品安全事故的措施，如开展应急救援工作，对因食品安全事故导致人身伤害的人员，卫生行政部门应当立即组织救治；封存被污染的食品用工具及用具，并责令进行清洗消毒；作好信息发布工作，依法对食品安全事故及其处理情况进行发布，并对可能产生的危害加以解释、说明。

八、关于监督检查

1. 县级以上质量监督、工商行政管理、食品药品监督管理部门履行各自食品安全监督管理职责，有权采取下列措施：①进入生产经营场所实施现场检查；②对生产经营的食品进行抽样检验；③查阅、复制有关合同、票据、账簿以及其他有关资料；④查封、扣押有证据证明不符合食品安全标准的食品，违法使用的食品原料、食品添加剂、食品相关产品，以及用于违法生产经营或者被污染的工具、设备；⑤查封违法从事食品生产经营活动的场所。

县级以上农业行政部门应当依照《中华人民共和国农产品质量安全法》规定的职责，对食用农产品进行监督管理。

2. 县级以上质量监督、工商行政管理、食品药品监督管理部门应当建立食品生产经营者食品安全信用档案，记录许可颁发、日常监督检查结果、违法行为查处等情况；根据食品安全信用档案的记录，对有不良信用记录的食品生产经营者增加监督检查频次。

3. 县级以上卫生行政、质量监督、工商行政管理、食品药品监督管理部门应当按照法定权限和程序履行食品安全监督管理职责；对生产经营者的同一违法行为，不得给予二次以上罚款的行政处罚；涉嫌犯罪的，应当依法向公安机关移送。

4. 国家建立食品安全信息统一公布制度。下列信息由国务院卫生行政部门统一公布：①国家食品安全总体情况；②食品安全风险评估信息和食品安全风险警示信息；③重大食品安全事故及其处理信息；④其他重要的食品安全信息和国务院确定的需要统一公布的信息。

5. 县级以上地方卫生行政、农业行政、质量监督、工商行政管理、食品药品监督管理部门获知需要统一公布的信息，应当向上级主管部门报告，由上级主管部门立即报告国务院卫生行政部门；必要时，可以直接向国务院卫生行政部门报告。

6. 县级以上卫生行政、农业行政、质量监督、工商行政管理、食品药品监督管理部门应当相互通报获知的食品安全信息。

九、关于法律责任

1. 违反《食品安全法》规定，未经许可从事食品生产经营活动，或者未经许可生产食品添加剂的，由有关主管部门按照各自职责分工，没收违法所得、违法生产经营的食品、食品添加剂和用于违法生产经营的工具、设备、原料等物品；违法生产经营的食品、食品添加剂货值金额不足 10 000 元的，并处 2 000 元以上 50 000 元以下罚款；货值金额 10 000 元以上的，并处货值金额 5 倍以上 10 倍以下罚款。

2. 违反《食品安全法》规定，有下列情形之一的，由有关主管部门按照各自职责分工，没收违法所得、违法生产经营的食品和用于违法生产经营的工具、设备、原料等物品；违法生产经营的食品货值金额不足 10 000 元的，并处 2 000 元以上 50 000 元以下罚款；货值金额 10 000 元以上的，并处货值金额 5 倍以上 10 倍以下罚款；情节严重的，吊销许可证：

（1）用非食品原料生产食品或者在食品中添加食品添加剂以外的化学物质和其他可能危害人体健康的物质，或者用回收食品作为原料生产食品；

（2）生产经营致病性微生物、农药残留、兽药残留、重金属、污染物质以及其他危害人体健康的物质含量超过食品安全标准限量的食品；

（3）生产经营营养成分不符合食品安全标准的专供婴幼儿和其他特定人群的主辅食品；

（4）经营腐败变质、油脂酸败、霉变生虫、污秽不洁、混有异物、掺假掺杂或者感官性状异常的食品；

（5）经营病死、毒死或者死因不明的禽、畜、兽、水产动物肉类，或者生产经营病死、毒死或者死因不明的禽、畜、兽、水产动物肉类的制品；

（6）经营未经动物卫生监督机构检疫或者检疫不合格的肉类，或者生产经营未经检验或者检验不合格的肉类制品；

（7）经营超过保质期的食品；

（8）生产经营国家为防病等特殊需要明令禁止生产经营的食品；

（9）利用新的食品原料从事食品生产或者从事食品添加剂新品种、食品相关产品新品种生产，未经过安全性评估；

（10）食品生产经营者在有关主管部门责令其召回或者停止经营不符合食品安全标准的食品后，仍拒不召回或者停止经营的。

3. 违反《食品安全法》规定，有下列情形之一的，由有关主管部门按照各自职责分工，没收违法所得、违法生产经营的食品和用于违法生产经营的工具、设备、原料等物品；违法生产经营的食品货值金额不足10 000元的，并处2 000元以上50 000元以下罚款；货值金额10 000元以上的，并处货值金额2倍以上5倍以下罚款；情节严重的，责令停产停业，直至吊销许可证：

(1) 经营被包装材料、容器、运输工具等污染的食品；

(2) 生产经营无标签的预包装食品、食品添加剂或者标签、说明书不符合本法规定的食品、食品添加剂；

(3) 食品生产者采购、使用不符合食品安全标准的食品原料、食品添加剂、食品相关产品；

(4) 食品生产经营者在食品中添加药品。

4. 违反《食品安全法》规定，有下列情形之一的，由有关主管部门按照各自职责分工，责令改正，给予警告；拒不改正的，处2 000元以上20 000元以下罚款；情节严重的，责令停产停业，直至吊销许可证：

(1) 未对采购的食品原料和生产的食品、食品添加剂、食品相关产品进行检验；

(2) 未建立并遵守查验记录制度、出厂检验记录制度；

(3) 制定食品安全企业标准未依照本法规定备案；

(4) 未按规定要求贮存、销售食品或者清理库存食品；

(5) 进货时未查验许可证和相关证明文件；

(6) 生产的食品、食品添加剂的标签、说明书涉及疾病预防、治疗功能；

(7) 安排患有《食品安全法》第三十四条所列疾病的人员从事接触直接入口食品的工作。

5. 违反《食品安全法》规定，事故单位在发生食品安全事故后未进行处置、报告的，由有关主管部门按照各自职责分工，责令改正，给予警告；毁灭有关证据的，责令停产停业，并处2 000元以上100 000元以下罚款；造成严重后果的，由原发证部门吊销许可证。

6. 违反《食品安全法》规定，有下列情形之一的，依照本法第八十五条的规定给予处罚：①进口不符合我国食品安全国家标准的食品；②进口尚无食品安全国家标准的食品，或者首次进口食品添加剂新品种、食品相关产品新品种，未经过安全性评估；③出口商未遵守本法的规定出口食品。

7. 违反《食品安全法》规定，集中交易市场的开办者、柜台出租者、展销会的举办者允许未取得许可的食品经营者进入市场销售食品，或者未履行检查、报告等义务的，由有关主管部门按照各自职责分工，处2 000元以上50 000元以下罚款；造成严重后果的，责令停业，由原发证部门吊销许可证。

8. 违反《食品安全法》规定，未按照要求进行食品运输的，由有关主管部门按照各自职责分工，责令改正，给予警告；拒不改正的，责令停产停业，并处2 000元以上50 000元以下罚款；情节严重的，由原发证部门吊销许可证。

9. 被吊销食品生产、流通或者餐饮服务许可证的单位，其直接负责的主管人员自处罚决定作出之日起5年内不得从事食品生产经营管理工作。

10. 违反《食品安全法》规定，食品检验机构、食品检验人员出具虚假检验报告的，由授予其资质的主管部门或者机构撤销该检验机构的检验资格；依法对检验机构直接负责的主管人员和食品检验人员给予撤职或者开除的处分。

11. 违反《食品安全法》规定，受到刑事处罚或者开除处分的食品检验机构人员，自刑罚执行完毕或者处分决定作出之日起10年内不得从事食品检验工作。食品检验机构聘用不得从事食品检验工作的人员的，由授予其资质的主管部门或者机构撤销该检验机构的检验资格。

12. 违反《食品安全法》规定，在广告中对食品质量作虚假宣传，欺骗消费者的，依照《中华人民共和国广告法》的规定给予处罚。违反本法规定，食品安全监督管理部门或者承担食品检验职责的机构、食品行业协会、消费者协会以广告或者其他形式向消费者推荐食品的，由有关主管部门没收违法所得，依法对直接负责的主管人员和其他直接责任人员给予记大过、降级或者撤职的处分。

13. 违反《食品安全法》规定，县级以上地方人民政府在食品安全监督管理中未履行职责，本行政区域出现重大食品安全事故、造成严重社会影响的，依法对直接负责的主管人员和其他直接责任人员给予记大过、降级、撤职或者开除的处分。

14. 违反《食品安全法》规定，县级以上卫生行政、农业行政、质量监督、工商行政管理、食品药品监督管理部门或者其他有关行政部门不履行本法规定的职责或者滥用职权、玩忽职守、徇私舞弊的，依法对直接负责的主管人员和其他直接责任人员给予记大过或者降级的处分；造成严重后果的，给予撤职或者开除的处分；其主要负责人应当引咎辞职。

15. 违反《食品安全法》规定，造成人身、财产或者其他损害的，依法承担赔偿责任。生产不符合食品安全标准的食品或者销售明知是不符合食品安全标准的食品，消费者除要求赔偿损失外，还可以向生产者或者销售者要求支付价款10倍的赔偿金。

16. 违反《食品安全法》规定，应当承担民事赔偿责任和缴纳罚款、罚金，其财产不足以同时支付时，先承担民事赔偿责任。

17. 违反《食品安全法》规定，构成犯罪的，依法追究刑事责任。

第二节 乳品质量安全监督管理条例

婴幼儿奶粉事件给婴幼儿的生命健康造成很大危害，给我国乳品行业带来了严重影响。这一事件的发生，暴露出我国乳品行业还存在一些比较突出的问题，如生产流通秩序混乱、一些企业诚信缺失、监管存在缺位等。为了解决上述问题，2008 年 10 月 9 日，国务院总理温家宝签署国务院令，公布了《乳品质量安全监督管理条例》（以下简称《条例》）。

《条例》主要对奶畜的养殖环节、生鲜乳收购、乳品生产、乳品销售等环节作了具体的规定，同时明确了各监管部门的职责分工，具体内容如下。

一、关于监管部门的职责分工

1. 畜牧兽医部门负责奶畜饲养以及生鲜乳生产环节、收购环节的监督管理。

2. 质量监督检验检疫部门负责乳品生产环节和乳品进出口环节的监督管理。

3. 工商管理部门负责乳品销售环节的监督管理。

4. 食品药品监督部门负责乳品餐饮服务环节的监督管理。

5. 卫生部门负责乳品质量安全监督管理的综合协调，组织查处食品安全重大事故，组织制定乳品质量安全国家标准。

二、关于奶畜养殖环节

1. 建立奶业发展支持保护体系 《条例》规定，国务院畜牧兽医主管部门会同国务院发展改革、工业和信息化、商务等部门制定全国奶业发展规划，县级以上地方人民政府应当合理确定奶畜养殖规模，科学安排生鲜乳生产收购布局；国家建立奶畜政策性保险制度，省级以上财政应当安排支持奶业发展资金，并鼓励对奶畜养殖者、奶农专业生产合作社等给予信贷支持；畜牧兽医技术推广机构应当为奶畜养殖者提供养殖技术、疫病防治等方面的服务。

2. 规范奶畜养殖场、养殖小区 《条例》规定，设立奶畜养殖场、养殖小区要符合规定条件，并向当地畜牧兽医主管部门备案；奶畜养殖场要建立养殖档案，如实记录奶畜品种、数量以及饲料、兽药使用情况，载明奶畜检疫、免疫和发病等情况。

3. 生鲜乳生产质量安全管理 《条例》规定，养殖奶畜应当遵守生产技术规程，做好防疫工作，不得使用国家禁用的饲料、饲料添加剂、兽药以及其他对动物和人体具有直接或者潜在危害的物质，不得销售用药期、休药期内奶畜产的生鲜乳；奶畜应当接受强制免疫，符合健康标准；挤奶设施、生鲜乳贮存设施应当及时清洗、消毒；生鲜乳应当冷藏，超过 2 小时未冷藏的生鲜乳，不得销售。

三、关于生鲜乳收购环节

1. 建立生鲜乳收购市场准入制度 《条例》规定，开办生鲜乳收购站应当取得畜牧兽医主管部门的许可，符合建设规划布局，有必要的设备设施，达到相应的技术条件和管理要求；生鲜乳收购站应当由乳品生产企业、奶畜养殖场或者奶农专业生产合作社开办，其他单位与个人不得从事生鲜乳收购。

2. 规范生鲜乳收购站的经营行为 《条例》规定，生鲜乳收购站应当按照乳品质量安全国家标准对生鲜乳进行常规检测，不得收购可能危害人体健康的生鲜乳，并建立、保存收购、销售及检测记录，保证生鲜乳质量；贮存、运输生鲜乳应当符合冷藏、卫生等方面的要求。

3. 加强对生鲜乳收购站的监督管理 《条例》规定，价格部门应当加强对生鲜乳价格的监控、通报，必要时县级以上地方人民政府可以组织有关部门、协会和奶农代表确定生鲜乳交易参考价格；畜牧兽医主管部门应当制定并组织实施生鲜乳质量安全监测计划，对生鲜乳进行监督抽查，并公布抽查结果。

四、关于生鲜乳贮藏和运输环节

1. 生鲜乳收购站有与收奶量相适应的冷却、冷藏、保鲜设施。贮存生鲜乳的容器，应当符合国家有关卫生标准，在挤奶后2小时内应当降温至0～4℃。

2. 生鲜乳收购站应配备低温运输设备。生鲜乳运输车辆应当取得所在地县级人民政府畜牧兽医主管部门核发的生鲜乳准运证明，并随车携带生鲜乳交接单。交接单应当载明生鲜乳收购站的名称、生鲜乳数量、交接时间，并由生鲜乳收购站经手人、押运员、司机、收奶员签字。

3. 生鲜乳交接单一式两份，分别由生鲜乳收购站和乳品生产者保存，保存时间2年。准运证明和交接单式样由省、自治区、直辖市人民政府畜牧兽医主管部门制定。

五、关于乳品生产环节

1. 强化乳品生产企业的检验义务 在现行乳品生产许可制度的基础上，《条例》进一步细化了相关条件和要求，并规定乳品生产企业应当严格执行生鲜乳进货查验和乳品出厂检验制度，对收购的生鲜乳和出厂的乳品都必须实行逐批检验检测，不符合乳品质量安全国家标准的，一律不得购进、销售，并对检验检测情况和生鲜乳来源、乳品流向等予以记录和保存。

2. 规范乳品的生产、包装和标识 《条例》规定，乳品生产企业应当符合良好生产规范要求，对乳品生产从原料进厂到成品出厂实行全过程质量控制；生鲜乳、辅料、添加剂、包装、标签等必须符合乳品质量安全国家标准；使用复原乳生产液态奶的必须标明“复原乳”字样。

3. 建立健全不安全乳品召回制度 《条例》规定，乳品生产企业发现其生产的乳品不符合乳品质量安全国家标准、存在危害人体健康和生命安全危险的，应当立即停止生产，报告有关主管部门，告知销售者、消费者，召回已经出厂、上市销售的乳品；对召回的乳品应当采取销毁、无害化处理等措施，防止其再次流入市场。质检、工商部门发现乳品不安全的，应当责令并监督生产企业召回。

六、关于乳品的销售环节

1. 强化乳品销售者的质量安全义务 《条例》规定，乳品销售者应当建立进货查验制度，审验乳品供货商经营资格和产品合格证明，建立进货台账；从事乳品批发业务的销售企业还应当建立销售台账，如实记录批发的乳品品种、规格、数量、流向等内容。乳品销售者不得销售不合格乳品，不得伪造、冒用质量标志。

2. 建立不合格乳品退市制度 《条例》规定，乳品不符合乳品质量安全国家标准、存在危害人体健康和生命安全危险的，其销售者应当立即停止销售，追回已经售出的乳品；销售者发现乳品不安全的，还应当立即报告有关主管部门，通知乳品生产者。

第三节 《生乳》国家标准

2010 年 3 月 26 日，中华人民共和国卫生部发布了《生乳》国家标准。其内容包括三大类 99 项指标，分别为感官指标（3 项）、理化指标（7 项）、微生物指标（1 项）、污染物指标（5 项）、真菌毒素（1 项）、农药残留（3 项）和兽药残留指标（79 项）。

一、感官指标

表 2-1　生乳感官指标及检验方法

项　目	要　求	检验方法
色泽	呈乳白色或微黄色	取适量试样置于 50 毫升烧杯中，在自然光下观察色泽和组织状态。闻其气味，用温开水漱口，品尝滋味
滋味、气味	具有乳固有的香味，无异味	
组织状态	均匀一致液体，无凝块、无沉淀、无正常视力可见异物	

二、理化指标

表 2-2　生乳理氏指标要求及检测方法

项　目	指　标	检测方法
蛋白质（克/100 克）	≥2.8	GB5009.5
脂肪（克/100 克）	≥3.1	GB5413.3
非脂乳固体（克/100 克）	≥8.1	GB5413.39
冰点[a,b]（℃）	−0.500 0～−0.560	GB5413.38
相对密度（20℃/4℃）	≥1.027	GB5413.33
杂质度（克/千克）	≤4.0	GB5413.30
酸度（°T）		
牛乳[b]	12～18	GB5413.34
羊乳	6～13	

注：a. 挤出 3 小时后检测；b. 仅适用于荷斯坦奶牛。

三、微生物指标

表 2-3 生乳微生物指标及检测方法

项 目	限量［CFU/克（毫升）］	检测方法
菌落总数	$\leqslant 2\times10^6$	GB4782.9

四、污染物指标

表 2-4 生乳污染物指标及检测方法

项 目	限量（微克/千克）	检测方法
生乳	0.5	GB/T 5009.24

五、真菌毒素（黄曲霉毒素，M1）

表 2-5 生乳真菌毒素指标及检测方法

项 目	限量（微克/千克）	检测方法
生乳	0.5	GB/T 5009.24

六、重金属污染物

表 2-6 生乳重金属污染物指标及检测方法

项 目		限量（毫克/千克）	检测方法
铅	鲜乳	0.05	GB/T 5009.12
汞	鲜乳	0.01	GB/T 5009.17
砷	鲜乳	0.05	GB/T 5009.11
铬	鲜乳	0.3	GB/T 5009.123
硒	鲜乳	0.03	GB/T 5009.93

注：①婴儿配方粉，以乳为原料，以冲调后乳汁计；②汞，以总汞（Hg）计；③砷，以无机砷计。

七、农药残留

表 2-7　生乳农药残留指标及检测方法

项　目		限量（毫克/千克）	检测方法
林丹（lindane）	牛乳	0.01	GB/T 5009.19
滴滴涕（DDT）	牛乳	0.02	GB/T 5009.19
六六六（HCH）	牛乳	0.02	GB/T 5009.19

八、兽药残留

兽药残留量应符合国家有关规定和公告。

第四节　生鲜乳生产收购管理办法

为贯彻国务院《乳品质量安全监督管理条例》的要求，农业部制定了《生鲜乳生产收购管理办法》，简称《办法》，并于2008年11月4日农业部第8次常务会议审议通过，2008年11月7日起施行。《办法》在生鲜乳生产、收购、贮存、运输、出售活动等方面起到了规范作用，进一步保证了乳品的质量安全。

一、关于责任和监管主体

1. 责任主体　《办法》规定，奶畜养殖者、生鲜乳收购者、生鲜乳运输者对其生产、收购、运输和销售的生鲜乳质量安全负责，是生鲜乳质量安全的第一责任者。

2. 监管主体　《办法》规定，县级以上人民政府畜牧兽医主管部门负责奶畜饲养以及生鲜乳生产环节、收购环节的监督管理。

二、关于生鲜乳生产环节

1. 规范奶畜养殖场、养殖小区的管理　《办法》规定，奶畜养殖场、养殖小区，应当符合法律、行政法规规定的条件，并向县级人民政府畜牧兽医主管部门或者其委托的畜牧技术推广机构备案，获得奶畜养殖代码。

2. 加强生鲜乳生产的质量安全控制 《办法》规定，奶畜养殖者应当遵守农业部制定的生鲜乳生产技术规程；奶畜养殖者不可向不符合本办法规定的生鲜乳收购站出售自养奶畜产的生鲜乳。

三、关于生鲜乳收购环节

1. 严格生鲜乳收购站的准入条件 《办法》规定，生鲜乳收购站的建设数量和规模须报省级人民政府畜牧兽医主管部门批准。取得工商登记的乳品生产企业、奶畜养殖场、奶农专业生产合作社开办生鲜乳收购站须取得县级人民政府畜牧兽医主管部门许可。

2. 加强生鲜乳收购站的卫生管理 《办法》规定，生鲜乳收购站的挤奶设施和生鲜乳贮存设施使用前后应当消毒并晾干；不用时，用防止污染的方法存放好；生鲜乳收购站使用的洗涤剂、消毒剂、杀虫剂和其他控制害虫的产品应当确保不对生鲜乳造成污染。

3. 强化生鲜乳质量安全管理 《办法》规定，生鲜乳收购站应当按照乳品质量安全国家标准对收购的生鲜乳进行感官、酸度、密度、含碱等常规检测。

4. 规范生鲜乳收购站的记录管理 《办法》规定，生鲜乳收购站应当建立生鲜乳收购、销售和检测记录，并保存2年。

四、关于生鲜乳收购环节

1. 严格运输车准入管理 《办法》规定，运输生鲜乳的车辆应当取得所在地县级人民政府畜牧兽医主管部门核发的生鲜乳准运证明，无生鲜乳准运证明的车辆，不得从事生鲜乳运输。

2. 加强生鲜乳运输记录管理　《办法》规定，生鲜乳运输车辆应当随车携带生鲜乳交接单；生鲜乳交接单应当载明生鲜乳收购站名称、运输车辆牌照、装运数量、装运时间、装运时生鲜乳温度等内容，并由生鲜乳收购站经手人、押运员、驾驶员、收奶员签字；生鲜乳交接单一式两份，分别由生鲜乳收购站和乳品生产者保存，保存时间 2 年。

第五节　生鲜乳生产技术规程（试行）

为了进一步规范生鲜乳生产，推进标准化规模养殖，保障生鲜乳质量安全，农业部按照《乳品质量安全监督管理条例》的要求，于 2008 年 10 月 29 日印发了《生鲜乳生产技术规程（试行）》，简称《规程》。

《规程》以《生鲜牛乳质量管理规范》（NY/T 1172—2006）、《奶牛饲养标准》（NY/T 34—2004）、《奶牛标准化规模养殖生产技术规范（试行）》等标准为基础，重点对生鲜乳生产技术加以规范。《规程》主要内容如下。

一、奶牛场选址设计与环境

奶牛场的建设与环境控制是生鲜乳质量安全的保障。

1. 选址　地势总体平坦、高燥、背风向阳、排水通畅。水源要充足并符合卫生要求。土质以沙壤土、沙土较适宜，黏土不适宜；综合考虑各种气象因素，选择有利地形。交通便利，但与公路主干线距离不小于 500 米。距居民点 1 000 米以上，且位于下风处；远离其他畜禽养殖场，周围 1 500 米以内无化工厂、畜产品加工厂、畜禽交易市场、屠宰厂、垃圾及污水处理场所、兽医院等容易产生污染的企业和单位；距离风景旅游区、自然保护区以及水源保护区 2 000 米以上。

2. 布局　应按功能分区，通常分为生活管理区、辅助生产区、生产区、粪污处理区和病畜隔离区。生活管理区应建在奶牛场上风处和地势较高地段，并与生产区严格分开，保证50米以上距离。辅助生产区应紧靠生产区，主要包括供水、供电、供热、维修、草料库等设施；干草库、饲料库、饲料加工调制车间、青贮窖应设在生产区边沿下风地势较高处。生产区应在场区的下风位置，主要包括牛舍、挤奶厅、人工授精室和兽医室等生产性建筑。入口处设人员消毒室、更衣室和车辆消毒池。生产区奶牛舍要合理布局，能够满足奶牛分阶段、分群饲养的要求，泌乳牛舍应靠近挤奶厅，各牛舍之间要保持适当距离，布局整齐，以便防疫和防火。粪污处理和病畜隔离区应设在生产区外围下风地势低处，与生产区保持100米以上的间距，主要包括隔离牛舍、病死牛处理及粪污储存与处理设施。粪尿污水处理、病牛隔离区应有单独通道，便于病牛隔离、消毒和污物处理。

3. 环境 道路场区内净道和污道要严格分开，避免交叉。牛舍内的温度、湿度和气流（风速）应满足奶牛不同生长和生理阶段的要求；保证牛舍的自然采光，夏季应避免直射光，冬季应增加直射光；控制灰尘和有毒、有害气体的含量。牛床应铺适宜厚度的垫料，坡度1°～1.5°。牛场用水水质要达到《生活饮用水卫生标准》（GB 5749—2006）。运动场地面平坦，中央高，向四周方向有一定的缓坡或从靠近牛舍的一侧向外侧有一定的缓坡，具有良好的渗水性和弹性，易于保持干燥。可采用三合土、沙土铺面。应经常清理运动场的粪便，防止饮水槽跑、冒、滴、漏造成饮水区的泥泞，保证奶牛体表的清洁。四周应建有排水沟。粪污堆放和处理粪污应遵循减量化、无害化和资源化利用的原则，安排专门场地，采用粪尿分离方式处理。

二、选育与繁殖

奶牛选育与繁殖工作并不是简单的配种，制定科学的选配、选育方案和繁殖计划是奶牛选育与繁殖工作的中心内容。《规程》

对母牛选留要求、冻精选择、发情配种的观察、繁殖障碍的检查等进行了具体的规定。

1. 母牛选留　留用母犊牛初生重应达标，身体健康，发育正常，无任何生理缺陷，三代系谱清楚且无明显缺陷。后备牛6月龄、第一次配种（15～18月龄）的体尺、体重也须达标。

2. 冻精选择　冻精选用优秀种公牛，最好选择有后裔测定成绩的公牛。细管冻精或细管冷冻精液应符合《牛冷冻精液》标准（GB 4143—2008），标注生产种公牛站名称或代码、种公牛号和生产日期等内容。

3. 发情配种　配种员要定时观察母牛发情情况，并及时进行配种。

4. 繁殖障碍检查　对发情异常与久配不孕的母牛进行直肠检查，及时对症治疗。产后加强监护，包括产道损伤、胎衣排出、产后瘫痪、恶露排出和炎症检查等。

三、饲料与日粮配制

饲料与日粮是奶牛生产的基础，直接关系生鲜牛乳的质量。饲料配制必须以满足奶牛健康为前提，根据奶牛生产各阶段的营养需求加以调整。

1. 饲料种类　在生产上常用饲料一般分为粗饲料（包括青绿饲料、青贮饲料、干草和秸秆等）和精饲料（指玉米等能量饲料、豆粕等蛋白类饲料）以及矿物质饲料和维生素等饲料添加剂等。

2. 饲料需求量

表2-8　奶牛的饲料需求量（千克）

饲料＼阶段	成年牛	青年牛	育成牛	犊　牛
精饲料	2 200～2 500	1 000～1 200	900～1 000	300～330
羊草	1 500～2 000	1 500～2 200	1 000～1 400	300～400

（续）

饲料＼阶段	成年牛	青年牛	育成牛	犊 牛
苜蓿干草	1 100～1 500	400～600		
青贮玉米	6 000～8 000	2 500～3 000	1 800～2 000	
糟渣类	2 000～3 000			
块根、块茎类	500～1 000			
牛乳				300～400

注：①本数据适用于年产奶量 5 000 千克以上的母牛；②精饲料中能量饲料占 55%～65%，蛋白质饲料占 25%～35%，复合预混料占 4%～5%；③犊牛饲料是犊牛期 6 个月的需要量。

3. 饲料加工、调制

（1）牧草收割时间　用于制作干草的禾本科牧草应在抽穗期收割，豆科牧草应于初花现蕾期刈割。割后应及时晾晒，打捆后放在棚内贮藏，也可露天堆垛，应避免发霉变质。

（2）青贮饲料　用于青贮的玉米适宜收割期为乳熟后期至蜡熟前期。入窖时原料水分应控制在 70%左右。青贮原料应含一定的可溶性糖（>2%），含糖量不足时，应掺入含糖量较高的青绿饲料或添加适量淀粉、糖蜜等。青贮前，原料要切短至 1～2 厘米，不宜切得过长。青贮时应边装料边用装载机或链轨推土机层层压实，避免雨淋。可用防老化的双层塑料布覆盖密封，不漏气、不渗水，塑料布表面应覆盖压实。

（3）农作物秸秆的加工处理　包括物理、化学和微生物处理方法。物理处理主要包括切短、粉碎、揉碎、压块、制粒和膨化。化学处理主要包括石灰液处理、氢氧化钠液处理、氨化处理。氨化处理多用液氨、氨水、尿素等。生物处理主要是黄贮和秸秆微贮技术。

4. 饲料原料要求　禁止在饲料和饮用水中添加国家禁用的药物以及其他对动物和人体具有直接或者潜在危害的物质。禁止在饲料中添加肉骨粉、骨粉、肉粉、血粉、血浆粉、动物下脚料、动物脂肪、干血浆及其他血浆制品、脱水蛋白、蹄粉、角粉、鸡杂碎粉、羽毛粉、油渣、鱼粉、骨胶等动物源性成分（乳及乳制品除外），以及用这些原料加工制作的各类饲料。禁止在饲料中加入三聚氰胺、三聚氰酸以及含三聚氰胺的下脚料。不饲喂可使生鲜牛乳产生异味的饲料，如丁酸发酵的青贮饲料、芜菁、韭菜、葱类等。使用的精料补充料、浓缩饲料等要符合饲料卫生标准。防止饲草被养殖动物、野生动物的粪便污染，避免引发疾病。不喂发霉变质的饲料，避免造成生鲜牛乳中黄曲霉毒素等生物毒素的残留。饲料的贮藏要防雨、防潮、防火、防冻、防霉变及防鼠、防虫害；饲料应堆放整齐，标识明显，便于先进先出；饲料库应有严格的管理制度，有准确的出入库、用料和库存记录。化学品（如农药、处理种子的药物等）的存放和混合要远离饲草、饲料储存区域。

5. 日粮配制 配制原则应按照《奶牛营养需要和饲料成分》的要求，结合奶牛群实际，科学设计日粮配方。日粮配制应精、粗料比例合理，营养全面，能够满足奶牛的营养需要。日粮配制应注意的问题：

（1）优先保证粗饲料尤其是优质粗饲料的供给，日粮中应确保有稳定的玉米青贮供应，产奶牛以日均 15 千克以上为宜；每天须采食 5 千克以上的干草，应优先选用苜蓿、羊草和其他优质干草等，提倡多种搭配。

（2）精、粗饲料搭配合理，营养平衡日粮配合比例一般为粗饲料占 45%～60%，精饲料占 35%～50%，矿物质类饲料占 3%～4%，维生素及微量元素添加剂占 1%，钙磷比为 1.5～2.0∶1。

（3）全混合日粮（TMR）指根据奶牛营养需要，把粗饲料、精饲料及辅助饲料等按合理的比例及要求，利用专用饲料搅拌机械进行切割、搅拌，使之成为混合均匀、营养平衡的一种日粮。

TMR 的水分应控制在 40%～50%。

饲料添加原则：遵循先干后湿、先轻后重的原则。添加顺序为先干草，然后是青贮饲料，最后是精料补充料和湿糟类。

搅拌时间：掌握适宜搅拌时间的原则是确保搅拌后 TMR 中至少有 20%的干草长度大于 4 厘米。一般情况下，最后一种饲料加入后搅拌 5～8 分钟。为避免饲料变质，夏季应分 2～3 次搅拌投喂。

效果评价：搅拌效果好的 TMR 表现为精、粗饲料混合均匀，松散不分离，色泽均匀，新鲜不发热、无异味，不结块。以奶牛不挑食为佳。

四、饲养管理

《规程》对犊牛、育成牛、青年牛和成年母牛各阶段的饲养管理进行了详细的阐述。

（一）犊牛

1. 犊牛哺乳期（0～60 日龄）

（1）出生后立即清除口、鼻、耳内的黏液，确保呼吸畅通，擦干牛体。在距腹部 6～8 厘米处断脐，挤出脐内污物，并用 5%的碘酒消毒，然后称重、佩戴耳标、照相、登记系谱、填写出生记录、放入犊牛栏。

（2）应在新生犊牛出生后 1～2 小时内吃到初乳，每次饲喂量为 2～2.5 千克，日喂 2～3 次，温度为 38℃±1℃，连续 5 天，5 天后逐渐过渡到饲喂常乳或犊牛代乳粉。

（3）出生一周后可开始训练其采食固体饲料，促进瘤胃的发育。犊牛哺乳期日增重应不低于 650 克。

（4）犊牛出生后，在 15～30 天用电烙铁或药物去角。去副乳头的最佳时间在 2～6 周，最好避开高温天气。先对副乳头周围清洗消毒，再轻拉副乳头，沿着基部剪除，用 5%碘酒消毒。

（5）犊牛应生活在清洁、干燥、宽敞、阳光充足、冬暖夏凉的环境中。保证犊牛有充足、新鲜、清洁卫生的饮水，冬季应饮温水。犊牛饲喂必须做到“五定”，即定质、定时、定量、定温、定人，每次喂完奶后给牛擦干嘴部。卫生应做到“四勤”，即勤打扫、勤换垫草、勤观察、勤消毒。

2. 犊牛断奶期（断奶至6月龄）

（1）饲养犊牛的营养来源主要是精饲料。随着月龄的增长，逐渐增加优质粗饲料的喂量，选择优质干草、苜蓿供犊牛自由采食，4月龄前最好不喂青贮等发酵饲料。干物质采食量逐步达到每头每天4.5千克，其中精料喂量为每头每天1.5～2千克。犊牛断奶期日增重应不低于600克。

（2）按月龄体重分群散放饲养，自由采食。应保证充足、新鲜、清洁卫生的饮水，冬季应饮温水。保持犊牛圈舍清洁卫生、干燥，定期消毒，预防疾病发生。

（二）育成牛饲养管理（7～15月龄）

1. 饲养　日粮以粗饲料为主，每头每天饲喂精料2～2.5千克。日粮蛋白质水平达到13%～14%；选用中等质量的干草，培养其耐粗饲性能，增进瘤胃消化粗饲料的能力。干物质采食量每头每天应逐步增加到8千克，日增重不低于600克。

2. 管理　适宜采取散放饲养、分群管理。保证充足新鲜的饲料和饮水，定期监测体尺、体重指标，及时调整日粮结构，以确保15月龄前达到配种体重（成年牛体重的75%），保持适宜体况。同时，注意观察发情，做好发情记录，以便适时配种。

（三）青年牛饲养管理（初配至分娩前）

1. 饲养　青年牛的管理重点是在怀孕后期（预产期前2～3周），可采用干奶后期饲养方式，日粮干物质采食量每头每天10～11千克，日粮粗蛋白质水平为14%，混合精料每头每天3～5千克。

2. 管理　采取散放饲养、自由采食。不喂变质霉变的饲料，冬季要防止牛在冰冻的地面或冰上滑倒，预防流产。依据膘情适当控制精料供给量，防止过肥，产前21天控制食盐喂量和多汁饲料的饲喂量，预防乳房水肿。

（四）成母牛各阶段的饲养管理

1. 干奶期 一般在产犊前60天停止挤奶，这段时间称为干奶期。

（1）饲养 干奶期奶牛的饲养根据具体体况而定，对于营养状况较差的高产母牛应提高营养水平，从而达到中上等膘情。日粮应以粗料为主，日粮干物质进食占体重的2%～2.5%，每千克干物质应含1.75个奶牛能量单位（NND），粗蛋白质水平为12%～13%，精、粗料比为30∶70，精料每头每天2.5～3千克。

（2）管理 停奶前10天，应进行隐性乳房炎检测，确定乳房正常后方可停奶。做好保胎工作，禁止饲喂冰冻、腐败变质的饲草饲料，冬季饮水不宜过冷。

2. 围产期 指母牛分娩前后各15天的一段时间。产前15天为围产前期，产后15天为围产后期。

（1）围产前期饲养管理 日粮干物质占体重2.5%～3.0%，每千克饲料干物质含2.00 NND，粗蛋白质为13%，钙0.4%，磷0.4%，精、粗料比为40∶60，粗纤维不少于20%。参考喂量：混合料2～5千克、青贮料15千克、干草4千克，补充微量元素及适量添加维生素A、维生素E，并采用低钙饲养法。典型的低钙日粮一般是钙占日粮干物质的0.4%以下，钙、磷比例为1∶1，减少产后瘫痪。但在产犊以后应迅速提高日粮中钙量，以满足产奶时的需要。奶牛临产前15天转入产房。产房要保持安静，干净卫生。昼夜设专人值班。根据预产期做好产房、产间、助产器械工具的清洗消毒等准备工作。母牛产前应对其外生殖器和后躯消毒。通常情况下，让其自然分娩，如需助产时，要严格消毒手臂和器械。

（2）围产后期饲养管理 产后粗饲料以优质干草为主，自由采食。将精料换成泌乳料，视食欲状况和乳房消肿程度逐渐增加饲喂量。每千克日粮干物质含钙 0.6%，磷 0.3%，精、粗料比为 40∶60，粗蛋白质提高到 17%，NND 为 2.2，粗纤维含量不少于 18%。母牛产后开始挤奶时，头 1～2 把奶要弃掉，一般产后第一天每次只挤 2 千克左右，满足犊牛需要即可，第二天每次挤奶 1/3，第三天挤 1/2，第 4 天才可将奶挤尽。分娩后乳房水肿严重，要加强乳房的热敷和按摩，每次挤奶热敷按摩 5～10 分钟，促进乳房消肿。

3. 泌乳早期（指产后 16～100 天的泌乳阶段，也称泌乳盛期）

（1）饲养　干物质采食量由占体重的 2.5%～3.0%逐渐增加到 3.5%以上，粗蛋白质水平为 16%～18%，NND 为 2.3，钙 0.7%，磷 0.45%。加大饲料投喂，奶料比为 2.5∶1。提供优质干草，保证高产奶牛每天 3 千克羊草、2 千克苜蓿草的饲喂量。

（2）管理　应适当增加饲喂次数，有条件的牛场最好采用 TMR 饲养，如果没有 TMR 搅拌车，可以利用人工 TMR。搞好产后发情检测，及时配种。

4. 泌乳中期（指产后 101～200 天的泌乳阶段）

（1）饲养　日粮干物质应占体重 3.0%～3.2%，NND 为 2.1～2.2，粗蛋白质为 14%，粗纤维不少于 17%，钙 0.65%，磷 0.35%，精、粗料比为 40∶60。

（2）管理　此阶段产奶量渐减（月下降幅度为 5%～7%），精料可相应逐渐减少，尽量延长奶牛的泌乳高峰。此阶段为奶牛能量正平衡，奶牛体况恢复，日增重为 0.25～0.5 千克。

5. 泌乳后期（产后 201 天至停奶阶段）

（1）饲养　日粮干物质应占体重的 3.0%左右，NND 为 2.0，粗蛋白质水平为 13%，粗纤维不少于 20%，钙 0.55%，磷 0.35%，精、粗料比以 30∶70 为宜。调控好精料比例，防止奶牛过肥。

（2）管理 该阶段应以恢复牛只体况为主，加强管理，预防流产。做好停奶准备工作，为下一个泌乳期打好基础。

五、挤奶操作与卫生

《规程》对挤奶方式和设施的选择、挤奶员的要求、挤奶的操作规程、挤奶后的清洗消毒、生鲜牛乳的冷却、贮存与运输和生鲜牛乳质量检测等方面进行了具体的规定。

（一）挤奶方式

包括机械挤奶和手工挤奶。机械挤奶分为提桶式和管道式两种，管道式挤奶又分为定位挤奶和厅式挤奶两种。厅式挤奶主要有鱼骨式、并列式和转盘式三种类型。

（二）挤奶设施

包括挤奶厅、待挤区、设备室、贮奶间、更衣室、办公室、锅炉房等。

（三）挤奶厅建设要求

1. 选择适宜的建厅场地 应建在养殖场的上风处或中部侧面，距离牛舍较近，有专用的运输通道，不可与污道交叉。既便于集中挤奶，又减少污染。要避免运奶车直接进入生产区。

2. 地面与墙面 挤奶厅应采用绝缘材料或砖石墙，墙面最好贴瓷砖，要求光滑，便于清洗消毒；地面要做到防滑、易于清洁。

3. 排水 挤奶厅地面冲洗用水不能使用循环水，必须使用清洁水，并保持一定的压力；地面可设一个到几个排水口，排水口应比地面或排水沟表面低1.25米，防止积水。

4. 通风和光照 挤奶厅通风系统应尽可能考虑能同时使用定时控制和手动控制的电风扇，光照强度应便于工作人员进行相关的操作。

5. 贮奶间 贮奶间只能用于冷却和贮存生鲜牛乳，不得堆放任何化学物品和杂物；禁止吸烟，并张贴“禁止吸烟”的警示；有防止昆虫的措施，如安装纱窗、使用灭蝇喷雾剂、捕蝇纸和电子灭蚊蝇器，捕蝇纸要定期更换，不得放在贮奶罐上；贮奶间的门应保持经常性关闭状态；贮奶间污水的排放口需距贮奶间15米以上。

6. 贮奶罐　贮奶罐外部应保持清洁、干净，没有灰尘；贮奶罐的盖子应保持关闭状态；不得向罐中加入任何物质；交完奶应及时清洗贮奶罐并将罐内的水排净。

7. 外部环境　保持挤奶厅和贮奶间建筑外部的清洁卫生，防止孳生蚊蝇虫害。用于杀灭蚊蝇的杀虫剂和其他控制害虫的产品应当经国家批准，对人、奶牛和环境安全没有危害，并在牛体内不产生有害积累。

（四）挤奶操作

1. 健康检查。挤奶前先观察或触摸乳房外表是否有红、肿、热、痛症状或创伤。

2. 对乳头进行预药浴，选用专用的乳头药浴液，药液作用时间应保持在20～30秒。如果乳房污染特别严重，可先用含消毒水的温水清洗干净，再药浴乳头。

3. 用毛巾或纸巾将乳头擦干。

4. 把头2～3把奶挤到专用容器中，检查牛奶是否有凝块、絮状物或水样，正常的牛可上机挤奶；异常时应及时报告兽医进行治疗，单独挤奶。严禁将异常奶混入正常牛奶中。

5. 及时套上挤奶杯组，注意观察真空稳定情况和挤奶杯组奶流情况，适当调整奶杯组的位置。

6. 挤奶结束后，应迅速进行乳头药浴，停留时间为3～5秒。

7. 注意：应固定挤奶顺序，切忌频繁更换挤奶员。药浴液应在挤奶前现用现配，并保证有效的药液浓度。每班药浴杯使用完毕后应清洗干净。应用抗生素治疗的牛只，应单独使用一套挤奶杯组，每挤完一头牛后应进行消毒，挤出的奶放置容器中单独处理。奶牛产犊后7天以内的初乳饲喂新生犊牛或者单独贮存处理，不能混入商品奶中。

（五）挤奶员要求

1. 必须定期进行身体检查，获得县级以上医疗机构出具的健康证明。

2. 应保证个人卫生，勤洗手、勤剪指甲、不涂抹化妆品、不佩戴饰物。

3. 手部刀伤和其他开放性外伤，未愈前不能挤奶。

4. 建议挤奶操作时，应穿工作服和工作鞋，戴工作帽。

（六）生鲜乳的冷却、贮存与运输

1. 贮存生鲜乳的容器，应符合《散装乳冷藏罐》（GB/T 10942—2001）的要求。运输奶罐应具备保温隔热、防腐蚀、便于清洗等性能，符合保障生鲜乳质量安全的要求。

2. 刚挤出的生鲜乳应及时冷却、贮存。2小时之内冷却到4℃以下保存。

3. 生鲜牛乳挤出后在贮奶罐的贮存时间原则上不超过48小时。贮奶罐内生鲜牛乳温度应低于6℃。

4. 从事生鲜乳运输的人员必须定期进行身体检查，获得县级以上医疗机构的身体健康证明。生鲜牛乳运输车辆必须获得所在地畜牧兽医部门核发的生鲜乳准运证明，必须具有保温或制冷型奶罐。在运输过程中，尽量保持生鲜乳装满奶罐，避免运输途中生鲜乳振荡，与空气接触发生氧化反应。严禁在运输途中向奶罐内加入任何物质。要保持运输车辆的清洁卫生。

（七）挤奶设备及贮运设备的清洗

1. 应选择经国家批准，对人、奶牛和环境安全没有危害，对生鲜牛乳无污染的清洗剂。

2. 每次挤奶前应用清水对挤奶及贮运设备进行冲洗。

3. 挤奶后的清洗消毒

(1) 预冲洗　挤奶完毕后，应马上用清洁的温水（35～40℃）进行冲洗，不加任何清洗剂。预冲洗过程循环冲洗到水变清为止。

(2) 碱酸交替清洗　预冲洗后立刻用 pH 11.5 的碱洗液（碱洗液浓度应考虑水的 pH 和硬度）循环清洗 10～15 分钟。碱洗温度开始在 70～80℃左右，循环到水温不低于 41℃。碱洗后可继续进行酸洗，酸洗液 pH 3.5（酸洗液浓度应考虑水的 pH 和硬度），循环清洗 10～15 分钟，酸洗温度应与碱洗温度相同。视管路系统清洁程度，碱洗与酸洗可在每次挤奶作业后交替进行。在每次碱（酸）清洗后，再用温水冲洗 5 分钟。清洗完毕管道内不应留有残水。

(3) 奶车、奶罐的清洗消毒　奶车、奶罐每次用完后应清洗和消毒。具体程序是先用温水清洗，水温 35～40℃；再用热碱水（温度 50℃）循环清洗消毒；最后用清水冲洗干净。奶泵、奶管、阀门每用一次，都要用清水清洗一次。奶泵、奶管、阀门应每周 2 次冲刷、清洗。

(八) 挤奶设备的维护

挤奶设备必须定期做好维护保养工作。挤奶设备除了日常保养外，每年都应当由专业技术工程师全面维护保养。不同类型的设备应根据设备厂商的要求作特殊维护。

1. 每天检查　①真空泵油量是否保持在要求的范围内；②集乳器进气孔是否被堵塞；③橡胶部件是否有磨损或漏气；④真空表读数是否稳定，套杯前与套杯后，真空表的读数应当相同，摘取杯组时真空会略微下降，但 5 秒内应上升到原位；⑤真空调节器是否有明显的放气声，如没有放气声说明真空储气量不够；⑥奶杯内衬/杯罩间是否有液体进入，如果有水或奶，表明内衬有破损，应当更换。

2. 每周检查　①检查脉动率与内衬收缩是否正常，在机器运转状态下，将拇指伸入一个奶杯，其他 3 个奶杯堵住或折断真空，检查每分钟按摩次数（脉动率），拇指应感觉到内衬的充分收缩；②奶泵止回阀是否断裂，空气是否进入奶泵。

3. 每月检查和保养 ①真空泵皮带松紧度是否正常，用拇指按压皮带应有1.25厘米的张度；②清洁脉动器，脉动器进气口尤其需要进行清洁，有些进气口有过滤网，需要清洗或更换，脉动器加油需按供应商的要求进行；③清洁真空调节器和传感器，用湿布擦净真空调节器的阀、座等（按照工程师的指导），传感器过滤网可用皂液清洗，晾干后再装上；④奶水分离器和稳压罐浮球阀，应确保这些浮球阀工作正常，还要检查其密封情况，有磨损时应立即更换，冲洗真空管、清洁排泄阀、检查密封状况。

4. 年度检查 每年由专业技术工程师对挤奶设备做系统检查。

（九）生鲜牛乳质量检测

1. 鼓励机械化挤奶厅和生鲜乳收购站设立生鲜乳化验室，并配备必要的乳成分分析检测设备和卫生检测仪器、试剂。

2. 检测指标和检测方法按照《生鲜乳收购标准》（GB/T 6914—1986）的要求对生鲜牛乳的感官指标（气味、颜色和组织状态）、理化指标（密度、蛋白质、脂肪、酸度、乳糖、非脂固形物、干物质等）进行检测。有条件的可以进行微生物指标和体细胞数的测定。

六、卫生防疫与保健

（一）防疫总则

严格按照《中华人民共和国动物防疫法》的规定，贯彻“预防为主”的方针，净化奶牛主要动物疫病，防止疾病的传入或发生，控制动物传染病和寄生虫病的传播。

（二）防疫措施

1. 奶牛场应建立出入登记制度，非生产人员不得进入生产区。

2. 职工进入生产区，应穿戴工作服，经过消毒间洗手消毒后方可入场。

3. 奶牛场员工每年必须进行一次健康检查，如患传染性疾病应及时在场外治疗，痊愈后方可上岗。

4. 新员工必须持有当地相关部门颁发的健康证方可上岗。

5. 奶牛场不得饲养其他畜禽，特殊情况需要养狗，应加强管理，并实施防疫和驱虫处理，禁止将畜禽及其产品带入场区。

6. 定点堆放牛粪，定期喷洒杀虫剂，防止蚊蝇孳生。

7. 污水、粪尿、死亡牛只及产品应作无害化处理，并做好器具和环境等的清洁消毒工作。

8. 当奶牛发生疑似传染病或附近牧场出现烈性传染病时，应立即按规定采取隔离封锁和其他应急防控措施。

（三）消毒

1. 消毒剂 应选择国家批准的，对人、奶牛和环境安全没有危害以及在牛体内不产生有害积累的消毒剂。

2. 消毒方法 可采用喷雾消毒、浸液消毒、紫外线消毒、喷洒消毒、热水消毒等。

3. 消毒范围 对养殖场（小区）的环境、牛舍、用具、外来人员、生产环节（挤奶、助产、配种、注射治疗及任何与奶牛进行接触）的器具和人员等进行消毒。

（四）免疫

奶牛场应根据《中华人民共和国动物防疫法》及其配套法规的要求，结合当地实际情况，对强制免疫病种和有选择的疫病进行预防接种，疫苗、免疫程序和免疫方法必须经国家兽医行政主管部门批准。

（五）检测及净化

奶牛场应按照国家有关规定和当地畜牧兽医主管部门的具体要求，对结核、布鲁氏菌病等动物传染性疾病进行定期检测及净化。

（六）奶牛保健

1. 乳房卫生保健 应经常保持乳房清洁，注意清除损伤乳房的隐患。挤奶时清洗乳房的水和毛巾必须清洁，建议水中加0.03%漂白粉或3%～4%的次氯酸钠等进行消毒。

2. 蹄部卫生保健 保持牛蹄清洁，清除趾间污物或用水清洗。坚持定期消毒，夏、秋季每隔5～7天消毒1次，冬天可适当延长间隔。每年对全群牛只肢蹄检查一次，春季或秋季对蹄变形者统一修整。对患蹄病的牛应及时治疗。坚持供应平衡日粮，以防蹄叶炎发生。

3. 营养代谢病监控 高产牛在停奶时和产前10天左右作血样抽样检查，测定有关生理指标。应定期监测酮体，产前1周、产后1月内每隔1～2日监测1次，发现异常及时采取治疗措施。加强临产牛监护，对高产、体弱、食欲不振的牛在产前1周可适当补充20%葡萄糖酸钙1～3次，增加抵抗力。每年随机抽检30～50头高产牛作血钙、血磷监测。

（七）兽药使用准则

1. 禁止使用国家明文禁用的兽药和其他化学物质；禁止使用禁用于泌乳期动物的兽药种类。

2. 禁止使用未经国家兽医行政管理部门批准的药品。

3. 严格按照兽药管理法规、规范和质量标准使用兽药，严格遵守休药期规定。

4. 预防、治疗奶牛疾病的用药要有兽医处方，并保留备查。

5. 建立并保存奶牛的免疫程序记录；建立并保存患病奶牛的治疗记录和用药记录。治疗记录应包括：患病奶牛的畜号或其他标志、发病时间及症状。用药记录应包括：药物通用名称、商品名称、生产厂家、产品批号、有效成分、含量规格、使用剂量、疗程、治疗时间、用药人员签名等。

七、记录与档案管理

根据农业部发布的《畜禽标识与养殖档案管理办法》和《生鲜乳生产收购管理办法》建立生鲜牛乳生产收购等相关记

录制度，配备专门或兼职的记录员，并逐步建立健全档案管理制度。做好育种与繁殖、奶牛谱系、饲料、兽药使用等记录工作。

其主要记录有：育种与繁殖记录，奶牛谱系记录，奶牛配种日志，奶牛繁殖和产犊记录，奶牛进出场记录，奶牛死亡、淘汰、出售记录，牛群异动台账，饲料、兽药使用记录，饲草料入库和使用记录，奶牛疾病和处方记录，兽药使用和休药期记录，卫生防疫与保健记录，奶牛检测和疫苗注射记录，隐性乳房炎监测记录，奶牛产后监控卡，牛场消毒记录，生鲜牛乳生产和收购记录，挤奶设备保养维修记录，生鲜牛乳检测记录，生鲜牛乳贮存记录，挤奶、贮存、运输等设施设备清洗消毒记录，生鲜牛乳运输与销售记录。

第六节 生鲜乳收购站标准化管理技术规范

为进一步加强生鲜乳收购站标准化管理，提高生鲜乳质量安全水平，根据《乳品质量安全监督管理条例》和《奶业整顿和振兴规划纲要》的要求，参照《良好农业规范第8部分：奶牛控制点与符合性规范》(GB/T20014.8)，农业部于2009年3月23日印发了《生鲜乳收购站标准化管理技术规范》。

一、基础设施

1. 选择适宜的站址 要求地势平坦干燥、排水良好、水源充足、水质符合生活饮用水国家标准。位于场区的上风处或中部侧面，距离牛舍50米以上，应有专用的运输通道，不能和污道交叉，避免运奶车直接进出生产区。

2. 配置完备的功能区 应设置消毒区、待挤区、挤奶厅、贮奶间、化验室、设备间、更衣室、办公室等多个功能区。

3. 地面要求 生鲜乳收购站内的地面应采用防渗、防滑、耐压材料，设一个或多个排水口，防止积水。墙壁应有瓷砖墙裙。

4. 污染防治 生鲜乳收购站应有粪污无害化处理设施，应有排水良好的、便于运输车行驶的硬质地面与贮奶间相连接。

二、机械设备

1. 配备数量充足、功能配套的机械设备，设备选型应达到国家标准及相关要求。

2. 按设备推荐的维护程序进行设备的维护和保养。

三、质量检测

1. 收购的生鲜乳应留存样品，并做好采样编号、记录登记。样品应冷冻保存，并至少保留 10 天，便于质量溯源和责任追究。

2. 应按照乳品质量安全国家标准对生鲜乳进行常规检测。应有与检测项目相适应的化验、计量、检测仪器设备。

四、人员要求

1. 生鲜乳收购站的工作人员每年至少应体检一次，应有健康合格证。应建立员工健康档案。患有传染病的人员不得从事生鲜乳收购站的各项工作。

2. 生鲜乳收购站管理者应熟悉奶业管理相关法律法规，熟悉生鲜乳生产、收购相关专业知识。

3. 生鲜乳收购站应对员工进行定期的卫生安全培训和教育，增强质量安全观念。

4. 生鲜乳收购站从事生鲜乳化验检测的人员应经培训合格，熟悉生鲜乳生产质量控制及相关的检验检测技术。

五、操作规范

1. 有下列情况之一的奶牛不得入厅挤奶：正在使用抗菌药

物治疗以及不到规定停药期的奶牛；产犊7天内的奶牛；患有乳房炎的奶牛；患有结核病、布鲁氏菌病及其他传染性疾病的奶牛；不符合《乳用动物健康标准》相关规定的奶牛。

2. 挤奶前应对乳房进行清洁与消毒。先用35～45℃温水清洁乳房、乳头，然后用专用药液药浴乳头15～20秒后擦干。每头奶牛应有专用的毛巾，鼓励用一次性纸巾擦干。药浴液应在每班挤奶前现用现配，并保证有效的药液浓度。

3. 手工将头2～3把奶挤到专用容器中，检查是否有凝块、絮状物或水样物，乳样正常的牛方可上机挤奶。乳样异常时应及时报告兽医，并对该牛只单独挤奶，单独存放，不得混入正常生鲜乳中。

4. 应在45秒内将奶杯稳妥地套在乳头上，使奶杯均匀分布在乳房底部，并略微前倾。挤奶时间4～7分钟，出奶较少时应对乳房进行自上而下地按摩，防止空挤。挤奶套杯时应避免空气进入杯组中。挤奶过程中应观察真空稳定性、挤奶杯组奶流，必要时调整奶杯组的位置。

5. 挤奶结束后，应在关闭集乳器真空2～3秒后再移去奶杯。不得下压挤奶机，避免过度挤奶。挤奶结束后，应再次进行乳头药浴，药浴时间为3～5秒。

6. 挤出的生鲜乳应在2小时之内冷却到0～4℃保存。贮奶罐内生鲜乳温度应保持0～4℃。生鲜乳挤出后在贮奶罐的贮存时间不应超过48小时。

六、管理制度

1. 生鲜乳收购站应建立完善的管理制度，至少应包括卫生保障、质量安全保障、挤奶操作规程、化学品管理等。

2. 生鲜乳收购站应建立生鲜乳收购、销售和检测记录，并保留2年。生鲜乳收购记录应载明收购站名称、收购许可证编号、畜主姓名、单次收购量、收购日期和地点。生鲜乳销售记录应载明生鲜乳装载量、装运地、运输车辆牌照及准运证明、承运人姓名、装运时间、装运时生鲜乳温度等。生鲜乳检测记录应载明检测人员、检测项目、检测结果、检测时间。

七、卫生条件

1. 工作人员进入生鲜乳收购站应穿工作服和工作鞋、戴上工作帽。要洗净双手，并经紫外线消毒。工作服、工作鞋以及工作帽必须每天消毒。非工作人员禁止进入生鲜乳收购站。

2. 生鲜乳在挤奶、冷却、贮存、运输过程中，应在密闭条件下操作，不得与有毒、有害、挥发性物质接触。生鲜乳运输罐在起运前应加铅封，严防在运输途中向奶罐内加入任何物质。

3. 挤奶厅与相关设施在每班次牛挤奶后应彻底清扫干净，用高压水枪冲洗，并进行喷雾消毒。奶桶、奶杯等每班次专用，用后彻底消毒和清洗。

4. 应严格按照设备清洗规程对挤奶、贮奶设备进行清洗、消毒，并保存有完整的清洗前后水温、冲洗时间、酸碱液浓度记录。如果清洗消毒后超过 96 小时未使用，再次使用前应重新清洗消毒。

5. 贮奶罐外部应保持清洁、干净，没有灰尘。贮奶罐的盖子应注意保持关闭状态。交奶后应及时清洗消毒贮奶罐并将罐内的水排净。

6. 清洗完毕后，应排干或烘干管道内以及所有和生鲜乳接触过的容器表面的水，防止因湿度过大引起微生物孳生。奶泵、奶管、节门应定期冲刷、清洗，每周 2 次。

7. 挤奶厅、贮奶间只能用于生产、冷却和贮存生鲜乳，不得堆放任何化学物品和杂物；禁止吸烟，并张贴相关警示标志；有防鼠防害虫措施，如安装纱窗、使用捕蝇纸和电子灭蚊蝇器，捕蝇纸要定期更换，并不得放在贮奶罐上；贮奶间的门应注意保持经常性关闭状态；贮奶间污水的排放口需距贮奶间 15 米以上或将污水排入暗沟。

8. 站内许可使用的化学物质和产品应存放在不会对生鲜乳造成直接或间接污染的位置。

9. 收购站周围环境每周应用2%氢氧化钠溶液或其他高效低毒消毒剂消毒一次。站内排污池和下水道等每月用漂白粉消毒一次。

第七节 奶业整顿与振兴规划纲要

为做好婴幼儿奶粉事件处置工作，解决奶业面临的困难和深层次问题，促进奶业稳定健康发展，发展改革委、农业部、工业和信息化部、商务部、卫生部、质检总局、工商总局、财政部、人民银行、银监会、保监会、中央宣传部、监察部等部门制定了《奶业整顿和振兴规划纲要》，以下简称《纲要》，经国务院同意，2008年11月7日以国务院办公厅名义转发各地执行。

《纲要》确定了奶业振兴的工作方针与目标、责任与考核、具体任务以及保证目标顺利实施的措施等。

一、工作目标

以建设现代奶业为总目标，以全面加强质量管理和制度建设为核心，以整顿乳制品生产企业和奶站、规范养殖为重点，努力开创奶业发展新局面，并推动食品行业的质量安全和监管水平的全面提升。

1. 到2008年年底前，以处置婴幼儿奶粉事件为契机，对乳品生产、收购、加工、销售等各环节进行全面整改，加大扶持力度，使各环节基本恢复到正常状态。

2. 到2009年10月底前，健全相关法律法规，完善乳品质量标准，推广生鲜乳生产技术规程，加强奶站规范化建设和管理，推进乳制品生产企业建立良好生产规范，使奶业发展在制度化、规范化建设上迈出重要步伐。

3. 到 2011 年 10 月底前，在推进养殖规模化、产销一体化，加工布局优化、全行业标准化，以及规范市场竞争、完善质量标准体系等方面取得实质进展。力争使奶牛良种覆盖率提高到 60%，奶牛平均单产水平接近 5.5 吨，100 头以上规模化养殖场（小区）奶牛比重由目前的不足 20%提高到 30%左右；乳制品生产企业完成良好生产规范改造，基地自产生鲜乳与加工能力的比例达到 70%以上；乳制品生产行业的集中度进一步提高。奶业的质量标准体系、检测监管体系、质量管理体系基本建立，乳制品质量安全水平显著提升，奶业的整体素质和效益达到新水平，现代奶业基础格局初步形成。

二、任务与措施

（一）提高奶牛养殖水平

1. 继续落实相关扶持政策 继续实施国发［2007］31 号文件提出的各项奶业扶持政策，并进步加大扶持力度。继续实施奶牛良种补贴和奶牛保险实行保费补贴政策，支持奶牛良种繁育场建设，研究完善优质后备母牛补贴办法，做好奶牛生产性能测定等基础工作。加强对奶牛养殖农户的信贷支持，开发适应奶业发展需要的金融产品，搞好金融服务。

2. 对重点地区特别困难奶农实施临时救助政策 国家对倒奶严重地区的特别困难奶农实施临时救助补贴政策。当前，重点扶持内蒙古、河北、山东、山西、辽宁、河南 6 个省（区）特别困难的倒奶奶农，中央财政补贴资金采取切块一次性下达，由地方根据实际情况，结合地方财政补贴资金统筹安排使用。地方政府也要安排资金，加强对困难奶农的扶持。

3. 推进规模化、标准化养殖 所有奶牛养殖场（小区）要限期执行《奶牛场卫生规范（GB16568）》，力争三年内达标，达不到标准的必须停产整顿。其他奶牛饲养户（点）要参照执行。

农业部门要开展相应的技术规范培训。中央在现有奶牛规模化养殖建设投资规模的基础上，进一步加大中央预算内投资支持力度，支持奶牛主产区加快现有养殖场（小区）标准化改造和新建标准化规模养殖场（小区），改善奶牛养殖、防疫、挤奶、粪污处理等条件，提高饲养水平和生鲜乳质量。

4. 做好奶牛养殖技术指导和服务　加强奶牛标准化养殖关键技术的推广，加大奶牛人工授精、选种选配等技术服务。加强奶牛疫病防控，重点加强对结核病、布鲁氏菌病等传染病的监测与疫牛的强制扑杀工作，继续对强制扑杀患病奶牛的给予补贴。加快推广奶牛养殖环境污染治理相关技术，结合相关项目支持奶牛养殖户采用减排措施和粪污综合利用技术。

（二）强化生鲜乳收购管理

1. 整顿和规范奶站　农业部要牵头组织好奶站专项整治行动，逐步建立生鲜乳收购管理的长效机制。要摸清全国奶站底数，坚决打击、取缔不法奶贩；严厉打击各种掺杂使假的违法行为，坚决杜绝添加三聚氰胺等有毒有害物质现象；规范生鲜乳收购秩序，及时查处压级压价、欺行霸市、强买强卖等行为。

2. 提高奶站准入门槛　尽快提出奶站准入条件，实行生鲜乳收购许可证管理制度。只有取得工商登记的乳制品生产企业、奶畜养殖场、奶农专业生产合作社，才有资格开办奶站，奶站应当依法取得生鲜乳收购许可证。奶站法人要加强对奶站的管理，并承担相应的法律责任。对现有的个体奶站设定过渡期，逾期达不到开办要求的，要予以关停，具体办法由农业部制定。

3. 实施标准化管理　由农业部牵头，参照《良好农业规范第 8 部分：奶牛控制点与符合性规范（GB/T20014.8）》，对奶站的基础设施、卫生条件、机械设备、检测手段、操作规范、人员素质等提出明确要求，到 2009 年底，全国奶站都要达到要求，实现标准化管理。对达不到要求的，要责令停业整顿或取缔。

（三）全面加强质量监管

1. 完善质量标准体系 由卫生部牵头，抓紧组织修订乳品质量安全标准；由农业部牵头，抓紧制定饲料中三聚氰胺及其他有毒有害物质限量检出值标准。上述标准的修（制）订要在一年内完成，作为国家强制标准执行。鼓励企业、地方制定更为严格的企业和地方标准。在新标准颁布之前，乳品生产经营单位应执行现行国家标准；现行没有标准的，可参照国家推荐的国际食品法典委员会（CAC）、国际乳业联合会（IDF）等国际组织的标准执行。

2. 强化检测能力建设

（1）尽快缓解当前检测工作面临的突出矛盾 一是跨行业、跨地区调动和整合高效液相色谱仪等检测仪器设备，满足一线工作的需求；二是科技、工业和信息化等部门要加快组织开展相应仪器设备的国产化研制和开发；三是总结和推广错峰检验的办法，对挤奶、运输、入厂等环节全程监控、封闭运行的生鲜乳，先入厂再留样检验，保证生鲜乳及时销售和质量安全；四是科技和质检部门要牵头继续开展乳品中三聚氰胺快速检测方法的研发与论证，力争在较短时间内推广应用。

（2）加快质检、农业等系统的检测能力建设 各级政府要根据新情况及未来需求，进一步加大投入，为质检、农业等系统添置必要仪器设备，改善检验检测条件。要重点加强基层检测能力建设，满足常规检测的需要。质检、卫生、农业、食品和药品监管等部门要加强协作，资源共享。

（3）明确收费办法 生产企业、奶站对奶农销售的生鲜乳进行检测，不得收费。质检、农业部门按照各自职能，依法分别对乳制品生产企业和奶站进行三聚氰胺及其他有毒有害物质抽查或检测，所需经费由同级财政予以保障，不得向被检单位收费。企业委托检验机构检测的收费规定，由省级价格主管部门牵头制定。

3. 健全质量管理制度

（1）*完善乳制品检验制度* 质检部门要加强乳制品质量安全监管，监督乳制品生产企业对原料进厂和产品出厂实施批批检验，对检出三聚氰胺及其他有害有毒物质的产品，立即责令企业召回、封存、销毁。

（2）*建立产品质量可追溯制度* 从饲料供应到乳品生产、收购、加工、销售等各环节均应建立台账制度，如实记录产品来源、数量、质量、批次、日期等相关信息。质检、农业、工业和信息化、工商、商务等相关部门要按照职责分工，依法加强从生产到销售的全过程质量监管，对发现的问题区别不同情况，分别实施责令整改、产品召回、下架退市等处置措施。

（3）*建立严格的乳制品生产企业质量管理制度* 所有乳制品生产企业要限期执行《乳制品企业良好生产规范（GB12693）》，三年内必须全部达到标准，达不到标准的，必须停产整顿。婴幼儿奶粉生产企业应当实施危害分析与关键控制点（HACCP）体系，并鼓励其他乳制品生产企业参照实施。

（4）*建立生鲜乳质量监管制度* 农业部门要加强对生鲜乳生产、收购等环节的质量安全监管，对不合格生鲜乳及时进行无害化处理。

（5）*加强饲料和兽药质量安全监管* 农业部门要监督饲料和兽药生产企业严格执行国家标准和技术规范，从源头上防止使用违禁药物和非法添加物。凡不符合国家标准的饲料和兽药，一律不得出厂销售。加大对饲料和兽药生产企业违法违规行为的打击力度，性质严重的，要依法停产整顿。

（四）重塑消费者信心

及时公布信息；维护消费者权益；普及乳品知识。

（五）加快市场恢复与培育工作

明确退货退款资金结算和不合格产品销毁办法；确保市场供应；维护市场秩序；继续推进学生饮用奶计划。

（六）全面提升乳品生产企业素质

开展行业整顿；保持正常生产；提高企业管理水平；优化产业结构。

（七）推进产业化经营

大力发展奶农专业生产合作组织；建立合理的利益联结机制；规范生鲜乳交易行为。

（八）加强行业指导和法制建设

加强行业指导；加强监测预警；发挥行业协会作用；加强法制建设。

三、责任与考核

（一）明确责任和分工

1. 明确市场主体责任 对婴幼儿奶粉事件，乳制品生产企业、奶站、奶农要引以为戒，视产品质量为生命，提高法律和道德意识，严格按照有关法律法规和质量标准从事生产经营活动。乳制品生产企业要认真履行社会责任，自觉接受监督，主动为奶农和消费者提供技术咨询、科普宣传服务，树立企业良好形象。

2. 强化地方政府责任 县级以上地方政府要对本行政区域内奶业发展和乳品质量安全负总责，切实加强领导，在做好婴幼儿奶粉事件处置工作、强化乳品质量安全监管的同时，加大对奶业的支持力度，制定并落实好恢复生产和促进奶业健康发展的各项政策措施。

3. 认真履行部门职责 有关部门要按照职责分工，密切合作，加强行业指导，严格质量监管，尽快使奶业发展恢复到正常水平。农业部要加强对奶畜饲养以及生鲜乳生产环节、收购环节的监督管理；质检总局要加强对乳制品生产环节和乳品进出口环节的监督管理；工商总局要加强对乳制品销售环节的监督管理；卫生部负责乳制品质量安全监督管理的综合协调，统一发布乳品质量安全重大事故信息；工业和信息化部要加强行业整顿和规范工作，会同有关部门协调促进企业严格管理，建立正常的生产秩序；商务部要加强乳制品市场监测，保障市场供应；发展和改革委员会、财政部要落实促进奶业发展的各项支持政策；人民银行、银监会要及时做好奶业贷款发放情况的监测、分析和指导工作；保监会要督促保险公司开展奶牛保险业务；监察部要按照有关法律法规和问责制的要求，加强对各部门落实职责情况的协调、监督与检查，对由于责任不到位、渎职、失职等原因造成严重后果的，要依法依纪追究相关人员的责任。

（二）强化纲要实施和考核

有关部门要制定本部门落实本纲要的具体方案，并在职责范围内对执行情况进行监督检查。各地要结合实际情况制定纲要实施计划和相关政策措施，把各项任务分解落实。在 2008 年年底前，各地区要对贯彻实施纲要情况进行全面自查，并向国务院报告自查情况；在此基础上，由国务院办公厅组织对各地区进行督查。从 2009 年开始，各地区、有关部门每半年要对纲要的执行情况进行系统总结和评估，并将结果报送发展和改革委员会，由发展和改革委员会汇总后向国务院报告。每个年度，监察部都要会同有关部门对各地区、有关部门执行纲要情况进行检查和考核。

第八节　国发［2007］31 号文件出台的奶业扶持政策

遵照党中央、国务院领导同志的批示，国家发展和改革委员会同财政部、农业部等有关部门，在深入主产区实地调研、多次召开部门和地方座谈会、广泛听取各方面意见和建议的基础上，起草了促进奶业持续健康发展的意见，报经国务院审议同意后，2007 年 1 月 26 日国务院以国发［2007］31 号文件正式印发了

《国务院关于促进奶业持续健康发展的意见》，简称《意见》。

一、《意见》拟定的主要任务和重点工作

1. 加强良种繁育和推广，提高奶牛生产水平 到2012年，力争奶牛良种覆盖率提高到60%，奶牛平均单产水平提高到5.5吨。

2. 推进养殖方式转变，提高原料奶质量 通过发展规模养殖小区（场）等方式，着力解决奶牛养殖规模小而散的问题，到2012年规模养殖的比重要有较大幅度提高。把提高原料奶质量放在突出重要位置，努力提高原料奶的乳脂率和乳蛋白质含量，降低菌落总数。

3. 积极发展产业化经营，形成合理的原料奶定价机制 鼓励乳品加工企业与奶农结成稳定的产销关系和紧密的利益联结机制。地方人民政府要加强对原料奶收购价格的指导，充分发挥奶农专业合作组织在价格协商中的作用。县级有关部门要加强奶站管理，建立原料奶质量第三方检测制度，规范原料奶收购秩序。

4. 优化奶业布局，提高企业素质 严格乳品加工行业准入制度，防止加工企业盲目发展和低水平重复建设。优化全国奶业布局，加快南方草山草坡和奶水牛开发，缓解奶业“北多南少”矛盾。乳品加工企业要合理确定奶源半径和经济规模，建立稳定的奶源基地，自觉遵守行业规范。

5. 健全质量标准体系和标识制度，规范市场秩序 统一并严格执行国家标准，完善原料奶质量标准体系。进一步落实液态奶生产经营管理的规定，完善复原乳检测技术、方法，严格产品标识标注管理。健全相关法律法规，依法加强监管，及时查处低价倾销等恶性竞争行为。

6. 引导乳品消费，开拓奶业市场 大力宣传和普及奶类营养知识，培养国民乳品消费习惯，引导城乡居民扩大消费，注重培育青少年消费群体。加大国家学生饮用奶计划的推广力度，扩

大学生饮用奶覆盖范围。完善乳品物流配送体系，积极开拓中小城市和农村消费市场。

二、扶持奶业发展的具体政策措施

针对我国奶业发展中存在的问题，《意见》提出了扶持奶业发展的政策措施，主要包括：

1. 加大奶牛良种补贴力度　为加快扩大优质奶牛种群步伐，继续执行中央财政奶牛良种补贴政策，补贴范围由目前北方地区奶牛头数1万头以上、南方地区奶牛头数5 000头以上的181个重点县，扩大到全国，将全部能繁母牛纳入补贴范围，并对经过后裔测定并注册的优良种公牛冻精液加大补贴力度。

2. 实施后备母牛补贴政策　为保护奶牛后备资源，对享受奶牛良种补贴改良后的优质后备母牛每头一次性补贴500元，中央财政对中西部地区给予补助，东部地区补贴由地方财政负担。

3. 将牧业机械和挤奶机械购置纳入财政农机具购置补贴范围，国家对奶牛养殖农户购置牧业机械和挤奶机械给予补贴。

4. 完善奶牛重大疫病防治和扑杀政策　为降低农户奶牛养殖疫病风险，将患布鲁氏菌病、结核病而被强制扑杀的奶牛，列入畜禽疫病扑杀补贴范围，具体办法比照口蹄疫扑杀补助办法执行。

5. 建立奶牛政策性保险制度　为增强奶农抗御风险能力，有效保障奶牛养殖安全，国家建立奶牛政策性保险制度，政府对参保奶农给予一定的保费补贴。中央财政对中西部地区给予补助，东部地区补贴由地方财政负担。

6. 支持建设标准化奶牛养殖小区　为加快推进奶牛养殖规模化、集约化、标准化，转变奶牛饲养方式，国家对养殖小区水电路、粪污处理、防疫、挤奶设施及饲草料基地建设等给予适当投资补助。

7. 加强对奶牛养殖农户的信贷支持　为了帮助奶农渡过难关，恢复信心，保护奶业基本生产能力，金融机构要对奶牛养殖农户、奶农合作社等提供信贷支持，开发适应奶业的金融产品，搞好金融服务；地方人民政府要给予适当贴息补助。对2006年1月1日至2008年6月30日期间，因非主观因素发生还贷困难的奶牛养殖农户，其逾期贷款视困难情况予以展期，具体期限由贷款银行决定。经贷款银行同意展期的逾期贷款免收罚息。

8. 完善奶业产业政策　为促进企业合理布局和有序发展，对新建和扩建乳品加工项目取消备案制，统一实行核准制，并将与之配套的奶源基地建设作为项目核准条件之一，对已建、在建、拟建项目进行清理。

复　习　题

1. 本教材中涉及哪些与奶业相关的法律、法规和政策？

2. 《中华人民共和国食品法》中国家如何界定有关食品安全监管部门的职责？

3. 《乳品质量安全监督管理条例》对奶畜养殖有何规定？

4. 《生乳》国家标准共包括多少项指标？

5. 《生鲜乳生产收购管理办法》规定的责任主体有哪些？

6. 《生鲜乳生产技术规程（试行）》依据了哪些标准？

7. 《奶业整顿与振兴规划纲要》的工作目标有哪些？

8. 《国务院关于促进奶业持续健康发展的意见》提出了哪八条扶持政策？

第三章　职业道德和规范

职业道德是指从事一定职业的人在特定的工作和劳动中所应遵循的特定的行为规范。职业道德是一般社会道德的特殊形式。职业道德是从业者在特定的工作和劳动中以其内心信念和特殊社会手段来维系的，以善恶进行评价的心理意识、行为原则和行为规范的总和，它是人们在从事职业的过程中形成的一种内在的、非强制性的约束机制。

生鲜乳生产与收购是奶业生产的关键环节，承载着奶牛的福利、生鲜乳的质量安全、消费者营养与健康。因此，从业人员应具备良好的职业道德。

第一节　树立良好职业道德的意义

良好的职业道德，对促进人的自身发展和社会进步具有重要意义。

一、职业道德的提高有利于人的思想道德素质的全面提高

职业劳动不仅是一种生产经营的职业活动，也是一种能力、纪律和品格的训练。职业劳动不仅能够活跃人的思维，增强人们的组织纪律性，还能够培养人们勤奋、专心致志、自我克制、自我牺牲、同情和体谅他人等好的品质，在这样的训练中，人们的识别力、判断力和机敏程度都会有相应提高。严格的职业生活训练所形成的良好修养和优秀品德是引导一个人走向成功的必经之

路。当一个人的职业道德水平在实际生活中有所提高的时候，其整体的思想道德素质也会得到很大的提高。

二、良好的职业道德是维系良好人际关系的前提

职业劳动是人们谋生的手段，从事一定的职业对人的幸福和快乐是非常必要的。人一旦离开一定的职业，就会变得百无聊赖、无精打采。良好的职业道德，是建立良好人际关系的开端，因为大多数的人际关系是工作上的人际关系，或者是在工作中结下的。良好的职业道德，是良好人际关系的基础，也是自身和家庭幸福生活所必需的。

三、良好的职业道德是社会进步的保证

在现代社会中，职业道德在人们事业中所起的作用越来越突出。因为随着社会的进步，人们生活水平的提高往往是从人们享受的产品和服务的质量中得到具体体现的，而产品和服务质量取决于生产质量和服务水平，生产质量和服务水平的高低则又取决于人的职业技能和职业道德素质。如果每个人都有对他人的责任感和对社会的使命感，今天的社会上就不会有那么多的假冒伪劣，就不会有那么多损人利己和危害他人的事情发生。

第二节　如何建立良好的职业道德

如何进一步加强职业道德建设，提高整个民族的素质，是摆在全国人民特别是各行各业从业人员面前的一项艰巨任务。建立良好的职业道德，可从以下几个方面着手。

一、要努力学习现代科学文化知识和专业技能，提高文化素养

努力学习现代科学文化知识和专业技能，是做好本职工作的

基本条件，只有勤奋努力，才能学好知识和技能。掌握科学文化知识和专业技能，有助于提高职业道德水平，它能帮助我们准确理解良好的职业道德在一个人成长过程中的重要作用，准确理解职业道德建设在社会主义市场经济中的重大意义。

二、加强职业道德规范的学习和实践

职业道德是职业行为所应遵循的基本规范。要有计划、有重点、有针对性地抓好道德教育，并把职业道德教育作为岗前和岗位培训的重要内容，帮助从业人员熟悉和了解与本职工作相关的道德规范，使他们树立正确的价值观和道德观。

三、树立良好的道德观念和道德意识

随着社会的发展，社会具体行业和岗位的划分越来越细，职业道德的内容越来越丰富。一个人职业道德意识的强弱和深浅决定了一个人的文明水平，一个社会的文明水平。因此，在市场经济竞争条件下，要求从业者树立良好的道德观念和道德意识，对于推动整个社会的发展是十分重要的。

第三节　树立良好的生鲜乳生产与收购职业道德

针对生鲜乳生产与收购领域职业特点，树立良好的生鲜乳生产与收购职业道德，应做到以下几个方面。

一、树立“三个意识”

（一）安全意识

生鲜乳生产与收购是奶业生产中的关键环节，是优质乳品生产的基础，维系着奶业的健康发展，承载着消费者健康。任何质量安全的疏漏，都容易酿成质量安全事故。因此，应树立生鲜乳生产与收购环节无小事的观念，将质量安全意识牢记心上。

（二）服务意识

生鲜乳生产与收购是通过生鲜乳连接奶牛生产和人类消费，从某种角度来讲也是一种服务性工作，要树立服务意识。生鲜乳生产人员应树立服务奶牛意识，生鲜乳收购人员应树立服务消费者意识。

（三）责任意识

责任是做好任何事情的前提和保障，生鲜乳生产与收购也一样，应有责任意识。生鲜乳生产与收购环节的责任在于做好生鲜乳生产和收购，要有高度的责任感，勤勤恳恳，认真负责。

二、弘扬“三种精神”

（一）敬业精神

生鲜乳生产人员、收购人员应热爱自己岗位，脚踏实地进行奶牛饲养、管理、挤奶、贮运和检测。

（二）奉献精神

生鲜乳生产与收购工作是光荣的，是高尚的，劳动者凭借双手的劳动和大脑的智慧，将草通过奶牛向社会提供了优质的乳及乳品。奉献这个产业，从某种意义上讲，是为增强国民素质奠定基础。

（三）科学精神

科技是一个产业进步的源动力，增强生鲜乳生产与收购的科学实力，有利于提高奶业的现实生产能力，开拓性地创新，使生鲜乳生产与收购科学化，保障生鲜乳质量安全。

三、建立基本的规章制度

1. 积极贯彻执行国家有关方针政策，身体力行地遵守各项法律法规和规章制度。

2. 具有高度责任感、事业心，要弘扬正气，敢于同各类生鲜乳生产与收购的违法行为和违法分子作斗争。

3. 具有高尚的职业情操和良好的职业规范，拥有坚实的理论基础和扎实的岗位技能（饲料、饲养、疫病、繁殖、挤奶等）。

4. 任何岗位都应建立相关的职责和要求，建立相应的激励机制。

5. 实施岗前培训制度，任何岗位上岗前都应经过基本培训，取得岗位资格认定，并定期参加相关培训和进修。

6. 从业人员应身体健康，定期体检，确保不具有国家限定的传染病。

7. 严格执行奶牛饲养管理标准、奶牛卫生保健标准和防疫卫生管理标准等相关标准。

8. 做好牛奶质量控制工作，认真对待牛奶质量控制的每一环节。

复　习　题

1. 什么是职业道德？
2. 树立良好的职业道德有何意义？
3. 如何建立良好的职业道德？
4. 生鲜乳生产收购应树立哪三种意识？
5. 生鲜乳生产收购应弘扬哪三种精神？

参 考 文 献

王加启主编 . 2006. 奶牛养殖科学 . 北京：中国农业出版社 .

王桂瑛，文际坤，毛华明 . 2003. 影响奶牛产乳量及成分含量的营养因素［J］. 饲料博览（5）.

中华人民共和国食品安全法 .

农产品质量安全法 .

乳品质量安全监督管理条例 .

生鲜乳生产收购管理办法 .

《生乳》国家标准 .

生鲜乳生产技术规程 .

生鲜乳收购站标准管理技术规范 .

奶业整顿和振兴规划纲要 .

国务院关于促进奶业持续健康发展的意见 .

图书在版编目（CIP）数据

生鲜乳生产收购专职岗位技能培训系列教材. 综合篇 / 农业部奶业管理办公室，中国奶业协会组编. —北京：中国农业出版社，2010.9
ISBN 978-7-109-14963-2

Ⅰ.①生… Ⅱ.①农…②中… Ⅲ.①鲜乳-食品加工-技术培训-教材②鲜乳-食品检验-技术培训-教材 Ⅳ.①TS252.4②TS252.7

中国版本图书馆 CIP 数据核字（2010）第 180006 号

中国农业出版社出版
（北京市朝阳区农展馆北路 2 号）
（邮政编码 100125）
责任编辑　颜景辰

中国农业出版社印刷厂印刷　　新华书店北京发行所发行
2011 年 1 月第 1 版　　2011 年 1 月北京第 1 次印刷

开本：850mm×1168mm　1/32　　印张：2.375
字数：52 千字　　印数：1～6 000 册
定价：15.00 元